小书本 大世界 XIAOSHUBEN DASHIJIE

宇宙未解之谜

崔钟雷　主编

吉林美术出版社 | 全国百佳图书出版单位

图书在版编目（CIP）数据

宇宙未解之谜／崔钟雷主编 . —长春：吉林美术出版社，2010. 10
（2022.1 重印）
（小书本大世界）
ISBN 978 - 7 - 5386 - 4738 - 9

Ⅰ.①字… Ⅱ.①崔… Ⅲ.①宇宙 - 青少年读物
Ⅳ.①P159 - 49

中国版本图书馆 CIP 数据核字（2010）第 185726 号

书　　名：宇宙未解之谜

策　　划　钟　雷
主　　编　崔钟雷
副 主 编　刘志远　芦　岩　杨亚男
出 版 人　赵国强
责任编辑　栾　云
开　　本　787×1092 毫米　1/16
字　　数　100 千字
印　　张　11
版　　次　2010 年 10 月第 1 版
印　　次　2022 年 1 月第 4 次印刷

出　　版　吉林出版集团
　　　　　吉林美术出版社
发　　行　吉林美术出版社图书经理部
地　　址　长春市人民大街 4646 号
　　　　　邮编：130021
电　　话　图书经理部：0431 - 86037896
网　　址　www.jlmspress.com
印　　刷　北京一鑫印务有限责任公司

ISBN 978 - 7 - 5386 - 4738 - 9　　定价：35.80 元

前言 QIAN YAN

广阔的宇宙如此浩瀚，有太多的谜团吸引我们好奇的心；纷繁的世界如此丰富，有太多的精彩诱惑我们明亮的眼睛。

在快节奏的现代生活里前行，我们有时需要静下心来翻开一本书，让疲惫的精神在知识的家园里徜徉。"小书本大世界"这套丛书，便可以满足我们的需要。

本系列丛书编入了人们最感兴趣的话题，并且图文并茂，图说新颖。未解之谜包含了自然、社会、历史众多的悬疑奇案，《动物世界》展现了各种动物的千姿百态，《十万个为什么》解答了大千世界的种种疑问，《88位中外名人故事》演绎了各位名人成才的艰辛历程，《地球之最》涵盖了人类家园的最新知识。

小小的书本里面蕴藏着一个大大的世界，在小书本里面，可以汲取无尽的知识，可以开阔狭窄的视野，还可以带来心灵上的轻松和愉悦。那么，让我们快速打开这套书，享受其中的乐趣吧。

编　者

目录 MU LU

揭秘太阳

破解地球

玄妙月球

探索宇宙

　　浩瀚的宇宙仿佛一个巨大的魔方，让人们为之着迷。宇宙也有着自己的形状、年龄、大小、颜色……甚至宇宙也有死亡的一天，它最终将有一个怎样的归宿呢? 诸多的未解谜团，蕴藏着扣人心弦的奥秘，吸引着无数猎奇者前去一探究竟。

宇宙的诞生及研究模型

当人类第一次仰望天空时，就想知道这浩瀚的天空和那闪烁的群星究竟是怎样产生的。今天，虽然科学技术已经有了很大的进步，但关于宇宙形成的原因和过程，仍处在假说阶段。

■ 原始火球

人们常常怀着强烈的好奇心问：宇宙永远不会改变吗？宇宙有多大？宇宙是什么时候诞生的？

到目前为止，关于宇宙的诞生问题，许多科学家更倾向于"宇宙大爆炸"的假说。这种观点认为，大约在两百亿年前，构成我们今天所看到的天体的物质都集中在一起，形成了一个"原始火球"。后来，由于某种未知的原因，"原始火球"发生了大爆炸，组成火球的物质飞散到四面八方。爆炸发生两秒钟之后，产生了质子和中子，在随后的 11 分钟之内，自由中子开始衰变，形成了重元素的原子核。大约又过了 1 万年，氢原子和氦原子产生了。与此同时，散落在空间的物质便开始了局部的联合，星云、星系的恒星就是由这些物质凝聚而成的。

■ 哈勃的发现

20 世纪二三十年代，哈勃对宇宙的 24 个大星系进行了全面的观测和深入的研究。他发现，这些星系谱线都存在明显的红移。根据物理学中的多普勒效应理论，这些星系正在朝远离我们的方向奔去，即所谓的

退行。而且，哈勃发现这些星系退行的速度与它们距地球的距离成正比，也就是说，离我们越远的星系，其退行速度越大。这种观测基本证明了宇宙是在不断膨胀的。哈勃常数（H = 150 千米/秒·千万光年）表明，距离我们 1 000 万光年的天体，其退行的速度为 150 千米/秒。据此计算出宇宙的年龄为 200 亿年，也就是说，这个膨胀着的宇宙已存在了 200 亿年。

20 世纪 60 年代，天文学中的四大发现之一——宇宙微波背景辐射理论认为，星空背景普遍存在着 3K 微波背景辐射，这种辐射在天空中是各向同性的。这似乎是大爆炸后遗留下来的余热。从某种意义上说，这也是支持"宇宙大爆炸"说的一种佐证。

另两种假说

宇宙形成的第二种假说是"宇宙永恒"假说。这种假说认为，宇宙并不是像人们所说的那样动荡不安，自从开天辟地以来，宇宙中的星体、星体密度，以及星体的空间运动都处于一种稳定状态。这种假说是英国天文学家霍伊耳、邦迪和哥尔德等人提出来的。霍伊耳把宇宙中的物质分成以下几大类：恒星、小行星、陨石、宇宙尘埃、星云、射电源、脉冲星、类星体、星际介质等，他认为这些物质在大范围内始终处于一种平稳状态：一些星体在某处湮灭了，在另一处一定会有新的星体产生。第三种是"宇宙层次"假说。这种假说是法国天文学家沃库勒等人提出来的，他们认为宇宙的结构是分层次的，如恒星是一个层次，恒星集合组成星系是另一个层次，许多星系结合在一起组成星系团就形成了一个更高的层次，一些星系团组成超星系团又是一个层次。

综合起来看，关于宇宙形成的种种假说，虽然说明了部分道理，但还是缺乏概括性，所以仍有继续探讨的必要。

宇宙大爆炸说

　　早在 1927 年，比利时天文学家勒梅特就指出，宇宙在早期应该处于非常稠密的状态。1932 年，勒梅特进一步提出，宇宙起源于被称为"原始火球"的爆炸。

▶ 宇宙起源

　　宇宙有没有起源？如果有，它来自哪里呢？

　　1948 年，美国科学家伽莫夫、阿尔弗、赫尔曼提出了"大爆炸宇宙论"这一理论。伽莫夫等人建立这一理论的最初目的是为了说明宇宙中元素的起源，因此他们将宇宙膨胀和元素形成相互联系起来，提出了元素的大爆炸形成理论。按照这一理论，宇宙大爆炸初期生成的氦为 30%，而由恒星内部核合成的氦总量仅占全部的 3%—5%，其余的氦总量只能来自宇宙大爆炸的核合成，从而证实了大爆炸宇宙论的科学性。

　　该理论认为，宇宙膨胀是按"绝热"的方式进行的，宇宙是从热到冷逐渐转变的。在宇宙形成的早期，辐射强度和物质的密度都很高，光子经过很短的路程就会被物质吸收或散射，然后物质再发射出光子，辐射和物质频繁地相互作用。当宇宙温度下降到大约 3 000K 时，质子与电子便结合成氢原子，对辐射的连续吸收大大减少，物质跟辐射之间的相互作用已经微乎其微了，宇宙对辐射变得透明，光子可以在空间自由穿行。宇宙的热辐射源主要是可见光和红外线。时至今日，宇宙膨胀带来的红移。使温度为 3 000K 的宇宙辐射的最大强度移到微波波段，称为宇宙微波背景辐射。阿尔弗等人计算出与微波背景辐射相对应的温度为 5K 左右。1965 年，美国科学家彭齐亚斯和威尔逊在 7.35 厘米的波长上接收到了来自各方向的宇宙的微波噪声，噪声的信号强度等效于温度为 3.5K 的黑体辐射。微波背景辐射的发现，有力地支持了热爆炸宇宙模型论。因此，大爆炸宇宙论得到了大多数科学家的认同。

宇宙无中生有说

　　宇宙是无限的，没有开端也没有终结，而且一直保持同样的状态，无论在什么地方，在什么时候，观测者看到的宇宙总是相同的，所以说宇宙起源的问题是不存在的。

■ 稳恒态宇宙模型

　　面对宇宙膨胀的事实，怎样才能解释宇宙状态是恒定不变的假设呢？宇宙中不断产生新的物质，其产生率与因宇宙膨胀造成的空间扩张体积是一致的，因而使宇宙物质密度保持恒定，不随时间发生变化。这种模型叫作"稳恒态宇宙模型"。新的物质是从哪里产生的呢？他们认为，新的物质并不是由能量转化而来的，而是从虚无中产生的，这就等于承认能量也是从虚无中产生的。此外，它也违背了一些普遍适用的守恒规律，如物质守恒定律和能量守恒定律等。另外，这个模型论也难以解释宇宙微波背景辐射现象。

膨胀或脉动的宇宙

在 20 世纪时，一个名不见经传的苏联数学家弗里德曼，应用不加宇宙项的场方程，得到了一个膨胀或脉动的宇宙模型。弗里德曼的宇宙模型在三维空间上也是均匀、各向同性的，但是它不是静态的。

▶ 爱因斯坦的错误

这个宇宙模型随时间而变化，分三种情况：第一种情况，三维空间的曲率是负的；第二种情况，三维空间的曲率为零，也就是说，三维空间是平直的；第三种情况，三维空间的曲率是正的。在前两种情况下，宇宙不停地膨胀；在第三种情况下，宇宙先膨胀，达到一个极大值后开始收缩，然后再膨胀，再收缩……因此第三种情况下，宇宙是脉动的。爱因斯坦得知这类膨胀或脉动的宇宙模型后，十分兴奋，他认为自己的模型有缺陷，应该放弃，弗里德曼的模型才是正确的宇宙模型。

同时，爱因斯坦宣称，自己在广义相对论的场方程上加宇宙项是错误的，场方程不应该含有宇宙项，但后人并未重视爱因斯坦的意见，仍继续讨论宇宙项存在的意义。今天，广义相对论的场方程有两种：一种不含宇宙项，另一种含宇宙项，这两种场方程都在专家们的应用和研究之中。

▶ 红移现象

早在 1910 年前后，天文学家就发现大多数星系的光谱有红移现象，个别星系的光谱还有紫移现象。这些现象可以用多普勒效应来解释：远离我们而去的光源发出的光，我们收到时会感到其频率降低，波长变

长，并出现光谱红移的现象，即光谱会向长波方向移动。反之，迎面而来的光源，光谱会向短波方向移动，因此出现紫移现象。这种现象与声波的多普勒效应相似。许多人都有过这样的感受：迎面而来的火车的鸣叫声特别尖锐刺耳，远离我们而去的火车的鸣叫声则明显迟

缓。这就是声波的多普勒效应。

如果认为星系的红移、紫移是多普勒效应，那么大多数星系都在远离我们，只有个别星系在向我们靠近。后来的研究发现，那些向我们靠近的紫移星系，都在我们自己本星系团（银河系所在的星系团称本星系团）中。本星系团中的星系，多数红移，少数紫移，而其他星系团中的星系就全是红移了。

1929年，美国天文学家哈勃总结了当时的一些观测数据，提出了一条定律，河外星系（银河系之外的其他银河系）的红移大小与它们离开银河系中心的距离成正比。这个定律也可以表述为：河外星系的退行速度与它们离我们的距离成正比：$V = HD$。公式中V是河外星系的退行速度，D是它们距银河系中心的距离。这个定律被称为"哈勃定律"，比例常数H被称为哈勃常数。根据哈勃定律，所有的河外星系都在远离我们；而且离我们越远的河外星系，逃离得越快。

个别星系的紫移现象可以这样解释，本星系团内部各星系要围绕它们的共同重心转动，因此总会有少数星系在一定的时间内向我们的银河系靠近。这种紫移现象与整体的宇宙膨胀无关。

哈勃定律大大支持了弗里德曼的宇宙模型。不过，在距离与红移量的关系图中，哈勃标出的点并不是集中在一条直线附近，而是比较分散的。以后的观测数据则越来越精确，数据图中的点也越来越集中在直线附近，哈勃定律终于被大量的实验观测所证实。

宇宙有限还是无限

现在，我们又回到了前面的话题，宇宙到底有限还是无限？有边还是无边？对此，我们从广义相对论、大爆炸宇宙模型和天文观测的角度来探讨这一问题。

■ 三维空间

满足宇宙学原理（三维空间均匀各向同性）的宇宙，肯定是无边的。但是否有限，要分三种情况来讨论。

如果三维空间的曲率是正的，那么宇宙将是有限无边的。不过，它随着时间的变化而不断地脉动，不可能保持静止状态。这个宇宙从空间体积无限小的奇点开始膨胀，体积膨胀到一个最大值后，反过来开始收缩。在收缩过程中，温度重新升高，物质密度、空间曲率和时空曲率逐渐增大，最后形成一个新奇点。许多人认为，这个宇宙在到达新奇点之后将重新开始膨胀。显然，这个宇宙的体积是有限的，这是一个脉动的、有限无边的宇宙。

如果三维空间的曲率为零，也就是说，三维空间是平直的（宇宙中有物质存在，四维时空是弯曲的），那么这个宇宙一开始就具有无限大的三维体积，这个初始的、无限大的三维体积是很难想象的（即"无穷大"的奇点）。大爆炸就从这个"无穷大"的奇点开始。爆炸发生后，宇宙开始膨胀，成为正常的非奇异时空，温度、密度和时空曲率都逐渐降低。这个过程将永远地进行下去。这是一种不大容易理解的现象：一个无穷大的体积在不断地膨胀。显然，这种宇宙是无限的，它是一个无边无际的宇宙。

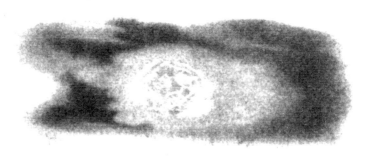

三维空间曲率为负的情况与三维空间曲率为零的情况比较相似。宇宙一开始就有无穷大的三维体积，大爆炸发生在整个"奇点"上，爆炸后，无限大的三维体积将永远膨胀下去，温度、密度和曲率都将逐渐降下来。这也是一个无限的宇宙，确切地说是无限无边的宇宙。

临界密度

那么，宇宙到底属于上述三种情况的哪一种呢？宇宙的空间曲率到底为正，为负，还是为零呢？这个问题要经过进一步的观测才能确定。

广义相对论的研究表明，宇宙中的物质存在一个临界密度 PC，大约是每立方米三个核子（质子或中子）。如果宇宙中物质的密度 p 大于 PC，则三维空间曲率为正，宇宙是有限无边的；如果 p 小于 PC，则三维空间曲率为负，宇宙是无限无边的。因此，观测宇宙中物质的平均密度，可以判定我们的宇宙究竟属于哪一种，究竟是有限还是无限。

此外，减速因子也可以帮助我们判断宇宙的有限或无限状态。从减速的快慢，就可以判断宇宙的类型。如果减速因子 q 大于二分之一，三维空间曲率是正的，宇宙膨胀到一定程度将收缩；如果 q 等于二分之一，三维空间曲率为零，宇宙将永远膨胀下去；如果 q 小于二分之一，三维空间曲率是负的，宇宙也将永远地膨胀下去。有了这两个数据，我们就可以确定宇宙究竟属于哪一种了。观测结果表明，p 小于 PC 空间曲率为负，我们的宇宙是无限无边的宇宙，将永远膨胀下去！减速因子观测的结果是 q 大于二分之一，这表明我们宇宙的空间曲率为正，宇宙是有限无边的、脉动的，它膨胀到一定程度会收缩回来。那么哪一种结论正确呢？要统一大家的认识，还需要进一步的实验观测和理论推敲。今天，我们只能肯定宇宙无边，而且现在正在膨胀！此外，还知道膨胀大约开始于距今 200 亿年—100 亿年之间，这就是说，我们的宇宙大约起源于距今 200 亿年—100 亿年之间。

构成宇宙的可见物质与暗能量

科学家经过精密的计算得出结论：宇宙大爆炸后最初三分钟所生成的元素为77%的氢、23%氦，还有0.0000001%的锂。

▶ 神秘的暗能量

而目前来讲，宇宙成分中只有4%是原子，这些原子形成了地球上各种各样的物质。

此外，由不明粒子而组成的冷暗物质占23%，另有73%为暗能量。一些研究宇宙构成的学者认为，宇宙中不可见的部分极有可能就是由这种占宇宙成分三分之二的暗能量组成的。这种暗能量能够产生与引力相反的排斥力，目前宇宙出现迅速膨胀的现象或许可以从暗能量上找到突破口。

宇宙的形状

俗话说："龙生九子，各有不同。"自然界的万事万物也是形态各异，各不相同。而我们地球所在的宇宙又是什么形状呢？

◗ 争论的问题

通过再现宇宙形成初期的景象，天文学家证实了这样一种观点，这也是到目前为止比较普遍的观点，即宇宙的形状是扁平的，而且一直处于不断膨胀的状态。但这种说法也不尽完美，也有科学家认为既然光从大爆炸后开始向四周广泛传播，而光在宇宙中的实际传播路线是接近于球形的，那么，宇宙很可能是球形的。此外有一些天文学者认为宇宙是轮胎形的，也有的说是克莱因瓶形的。至于宇宙到底是什么形状，有待于人类进一步探索和研究。

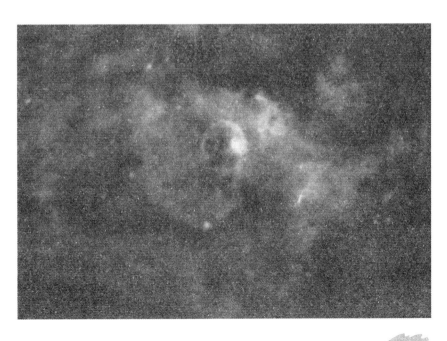

宇宙的中心在何处

太阳是太阳系的中心，太阳系中的行星都围绕着太阳公转；银河系也有中心，它周围所有的恒星也都绕着银河系的中心旋转。那么宇宙有中心吗？宇宙的中心又在哪里？

◗ 宇宙中心

宇宙的中心似乎应该存在，但事实上它并不存在。因为宇宙膨胀一般不发生在三维空间内，而是发生在四维空间内。宇宙空间不仅包括普通三维空间（长度、宽度和高度），还包括第四维空间——时间。描述四维空间的膨胀非常困难，但是我们也许可以通过气球的膨胀过程来解释它。

我们可以假设宇宙是一个正在膨胀的气球，而星系是气球表面上的点，我们就住在这些点上。我们还可以假设星系不会离开气球表面，只能沿着表面移动而不能进入气球内部或向外运动。从某种意义上说，我们把自己描述成一个二维空间的人。

如果宇宙不断膨胀，也就是说气球的表面不断地向外膨胀，那么表面上的每个点彼此间会离得越来越远。其中，某一点上的某个人将会看到其他所有的点都在退行，而且离得越远的点退行的相对速度也就越快。

现在，假设我们要寻找气球表面上的点退行到的地方，那么我们就

会发现它已经不在气球表面上的二维空间内了。气球的膨胀实际上是从内部的中心开始的，是在三维空间内进行的，而我们是在二维空间内，所以我们无法知道三维空间内的事物。

宇宙的膨胀不是在三维空间开始的，而我们只能在宇宙的三维空间内运动。宇宙开始膨胀的地方是在过去的某个时间，这一时间是不可知的，宇宙的中心也不可知，或者说，宇宙根本就不存在什么中心。

宇宙的命运

宇宙的膨胀会毫无节制吗？有一天宇宙会开始收缩吗？如果它一直膨胀下去，会出现什么情况呢？宇宙的未来究竟会怎样？

宇宙中的作用力

自然界存在四种作用力，包括万有引力作用、电磁力作用、强相互作用和弱相互作用，其中万有引力作用最弱，但它在大的范围内起作用，而且引力对宇宙膨胀起着抑制作用。

由于宇宙各部分相互间的引力，使宇宙的膨胀一直在减速。这种引力的大小取决于宇宙物质的密度，物质密度越大，这种引力也就越大。如果宇宙物质密度高于一定的值（临界值），则引力将最终制止宇宙膨胀；如果宇宙物质密度低于这个临界密度值，则引力不够大，那么宇宙将继续膨胀下去。研究表明：宇宙中存在着大量不可见的暗物质，如褐矮星、死去的恒星、不发光的气云，以及宇宙早期生成的小黑洞等等。近来，有些科学家发现中微子可能有静止质量，由于宇宙间中微子数量很大，哪怕中微子具有仅仅 30—50 电子伏的质量，就将可能使宇宙物质密度大于临界密度，那时引力场将增强，将使宇宙膨胀在持续相当长的时间后停下来，并转为收缩。收缩过程会逐渐加速，直到回复到无限密集的状态。然后又可能发生大爆炸，宇宙又一次开始膨胀循环，如此往复，周而复始……

宇宙的未来

如果宇宙永远膨胀下去，会出现什么情况呢？一些科学家的研究结果表明：最终宇宙中可能只有由光子、中微子、电子、正电子组成的稀薄等离子体了。不过，那将是非常遥远的事。

由于各种因素和现在掌握的数据都不确定，因此宇宙未来的命运同样也不能确定。

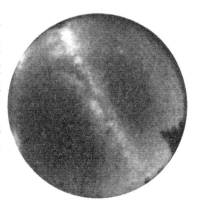

超级大爆炸

宇宙的膨胀称为“宇宙大爆炸”理论，这是20世纪重要的科技发现成果，它为人类认识宇宙提供了重要的探索方向。

量天之“尺”

人们对宇宙的研究是从测量恒星之间的距离开始的，这把“量天尺”就是光谱。

远处恒星射来的光在光谱上向紫色一端移动时，说明它离我们较近；如果向红色一端移动，则离我们较远。

美国天文学家埃德温·哈勃在测量遥远天体的距离时，惊异地发现：大部分星系发出的光在光谱上都是向红色一端移动，这就是“红移”。这意味着它们都在以飞快的速度离我们远去。当时测出的最高速度竟达到3 800千米/秒，而且星系之间也是越离越远。

这一发现意味着整个宇宙始终都是在运动变化的。那些被炸得四散飞去的碎片，不正是相互间越离越远的星系吗？反推回去，昨天的星系

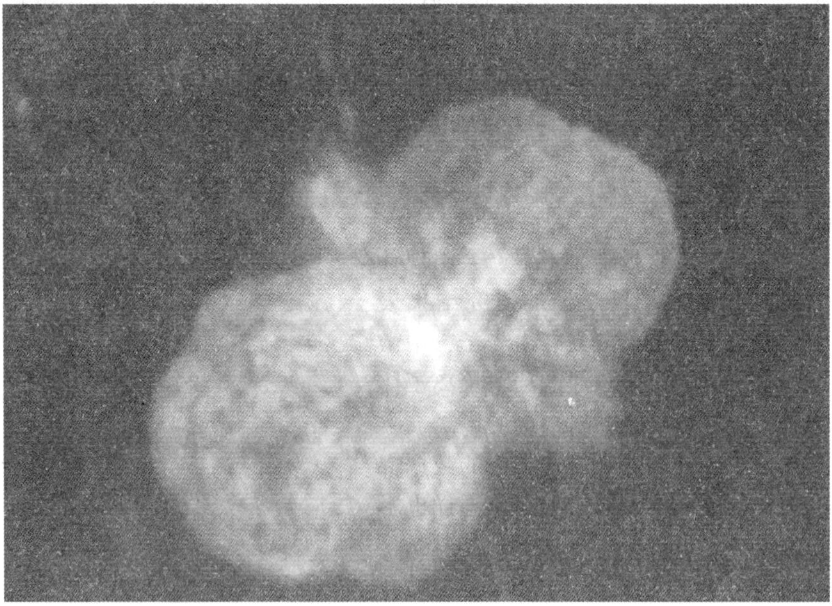

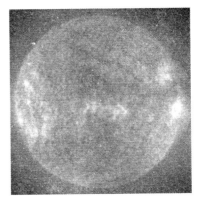

肯定比今天离得更近，去年的宇宙也比今年的小。假如我们回到足够遥远的过去，就会看到各个星系紧挨在一起，那时的宇宙小极了，宇宙中的全部物质，都被压缩到一个"奇点"上。当压力超过临界点时，终于发生爆炸，之后生成的宇宙不断膨胀。原来被压缩得无限紧密的物质，就像炮弹爆炸后弹片四散飞开一样，又组合成今天我们所看见的各种星系和星云……

宇宙预言

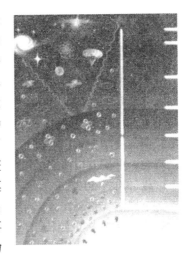

美籍俄国物理学家伽莫夫预言：作为大爆炸后逐渐冷却的遗物，今天的宇宙存在一种温度很低的电磁辐射，即所谓"宇宙背景辐射"。这个预言很快就得到了证实，美国科学家彭齐亚斯和威尔逊于 1965 年用微波探测器探测到了这种来自宇宙深处的微波辐射，从而证明了"宇宙大爆炸"理论成立，为此他们荣获了 1978 年度的诺贝尔物理学奖。但伽莫夫却什么也没得到，所以当有人问他："宇宙大爆炸开始之前，又发生了什么事呢?"伽莫夫懊恼地回答："上帝正在为提出这个问题的人准备地狱!"

黑洞之谜

　　宇宙黑洞能吞噬原子、光、声音、电磁波、尘埃和巨大的恒星等所有的东西。黑洞是宇宙的一个特殊产物。一旦宇宙物质被它吞噬，就像掉进了无底洞，再也出不来了。

▶ 黑洞本色

　　黑洞真是一个无底的大黑窟窿吗？答案是否定的。当一颗质量大约是太阳几十倍的恒星被自身的引力压缩成直径只有几千米左右的天体时，就形成了黑洞。黑洞具有强大的吸引力，它被自身引力压成一个封闭性的视界，一切外界的物质或辐射只要进入这个视界，就会被迅速地猛拽过去，而且无论如何也跑不出去，包括光在内。因此，即使是用最先进的天文望远镜也看不到黑洞。

　　黑洞是恒星走完生命旅程之后，除中子星和白矮星外的另一种归宿。其实黑洞的体积并不大，可它的质量和引力却无穷大。既然黑洞是看不见的，那么天文学家是怎样发现并研究它们的呢？黑洞虽然看不见，但天文学家可以通过观察围绕黑洞旋转的行星或其他天体来判断它的存在，并研究出黑洞的形状、大小等特点。

　　也许再过50亿年，太阳将终止它的核聚变。那时，即使太阳变成了一个黑洞，它还在太阳系中间，八大行星也是不会被吞噬的。但是，地球将因为失去了太阳所给的能量，而在寒冷和黑暗中灭亡。那时，地球将会是怎样一种情形呢？

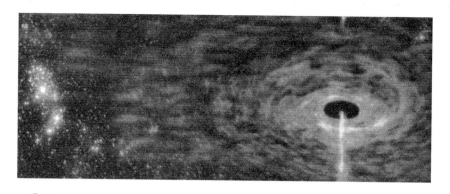

宇宙巨洞与宇宙长城

　　人们对宇宙的认识随着科学技术的发展而逐步深入，20世纪70年代以前，多数人都认为大尺度内宇宙物质分布是均匀的，星系均匀地散布在宇宙空间中。然而，近年来人们发现宇宙在大尺度范围内也是有其独特结构的。

▐ 宇宙巨洞

　　20世纪50年代，沃库勒首先提出包括我们银河系所属的本星系群在内的本超星系团。近年来，人们已先后发现十几个超星系团。这些星系团被一些孤立的星系穿在一起从而形成最大的超星系团，这个星系团的长度超过10亿光年。1978年，科学家在发现A1367超星系团的同时还发现了一个巨洞，巨洞内部几乎没有星系。不久，科学家们又在牧夫座发现了一个直径达2.5亿光年的巨洞，巨洞里有一些暗的矮星系。巨洞和超星系团的存在表明，宇宙结构的组成部分是复杂多样的，而非人们想象的那样简单。1986年美国天文学家的研究结果表明：这些星系似乎拥挤在一条杂乱相连的不规则的环形周界上，像是附着在巨大的泡沫壁上，周界的跨度约50兆秒。后来他们又经仔细研究得出结论：宇宙存在着尺度约达50兆秒差距的低密度的宇宙巨洞及密度很高的星系巨壁。在他们所研究的天区存在着的这个星系巨壁长达170兆秒差距，高为60兆秒差距，宽度仅为5兆秒差距。

▐ 宇宙长城

　　我们也称星系巨壁为"宇宙长城"。究其产生的原因，就是追溯到宇宙形成的早期了，那时宇宙是均匀的，各种尺度的密度起伏却是存在的，有的起伏被抑制了，有的则被发现，被引力放大成现在所能观测到的大尺度结构。科学在进步，人类对宇宙的认知也在不断地更新转变，相信在不久的将来，人类对宇宙的构造和内部结构将会有更加全面而准确的认识。

发现"太阳系"

宇宙中除了我们的太阳系以外，还有另外的"太阳系"存在，那么这个"太阳系"在哪里呢？

▶ 织女星系的发现

浩瀚无边的宇宙，神奇而美丽。

宇宙中除了一个太阳系，另外的"太阳系"是如何发现的呢？

一颗红外天文卫星于1983年1月让天文学家们有了一个意外的发现，天琴座主星——织女星周围存在着类似行星的固体环。

这个发现在世界科学史上有着重大影响。

▶ 星系实况

织女星周围的物质吸收了织女星大量的辐射热，并发射出红外线，红外天文卫星接收到的正是它所放射的红外线。一般来说，恒星的温度下限约为500K（K为温度的另外一种单位，简称为"开"），而我们

所测出的织女星周围物质的温度为
90K（90K 约为 - 180°C），这充分说
明这个物体是颗行星。假如织女星也
有行星系的话，它便相当于外行星。
一个具有这样温度的物体只有用波长
为几十微米的红外望远镜才能捕
获到。

　　这颗红外天文卫星是世界上第一
颗红外天文卫星，它主要用于探测全
天的红外源，也就是对红外源进行登记造册。一般，红外天文望远镜不
能探出宇宙中的低温物体，因为大气中的水分和二氧化碳气体吸收了大
量来自宇宙的红外线及地球的热，同时又会释放互相干扰的红外线。而
红外天文卫星将装置仪器用极低温的液态氮进行冷却，在这种低温状态
下，红外天文卫星就能更容易发现宇宙中的低温物体，所以就有了此次
重大的发现。

　　探测表明：织女星行星与太阳系行星大小差不多。由于织女星发出
的总能量是已知的，通过物体的温度便能轻而易举地求出织女星和该物
体之间的距离，也就是说可以算出该行星系的半径。

　　织女星距离地球 26.3 光年，是全天第四亮星，直径是太阳的 3.2
倍，质量约是太阳的 2.6 倍，表面温度约为 9 000°C，比太阳的表面温
度（约 6 000°C）还高。织女星诞生于 10 亿年前，太阳诞生于 45 亿年
前，相比之下织女星要年轻得多。地球大概是与太阳同时诞生的，如果
认为织女星的行星也跟织女星是同时诞生的话，那么就可以断定织女星
的行星正处在演化的初期阶段。

　　依据行星形成的一般假说，当恒星产生时，在它的周围散发着范围
为太阳系 100 倍的分子气体云环，这些云环因长期相互作用而分成若干
个物质团块，这些团块进一步发展就会形成行星。

　　东京天文台曾公布说，他们用射电望远镜在猎户座星云等处发现了
"行星系的婴儿"，也可以称之为原始行星系星云。

　　织女星行星系与原始行星系星云这两项重大发现，无疑会在天文学
界引起极大的反响，同时也证明了世界科学正在不断地向前进步和发
展，相信终有一天，这些宇宙奥秘都能被人类逐一解开。

宇宙反物质之谜

　　宇宙中到底有没有反物质？什么是反物质？一直以来人们对这些问题都充满了好奇，今天就带你走进宇宙，揭开宇宙反物质之谜。

◆ 什么是宇宙反物质

　　首先要明确物质和反物质是相对立的概念。大家都知道原子是构成化学元素的最小粒子，它由原子核和电子组成。

　　原子的中心便是原子核，原子核由质子和中子组成，电子围绕原子核有规律地旋转。原子核里质子带的是正电荷，电子带的是负电荷。从两者的质量看，质子是电子的 1 836 倍，这使得原子核内部形成了强烈的不对称。因此，20 世纪初曾有一些科学家对此提出质疑：二者相差那么悬殊，会不会在原子核内存在另外一种粒子呢？它们的电荷相等而极性相反，比如，一个与质子质量相等的粒子，带的是负电荷，另一个同电子质量相等的粒子带正电荷。1928 年，著名的英国青年物理学家狄拉克从理论上提出了带正电荷 "电子" 的可能性。这种粒子，除电荷同电子相反外，其他都与电子相同。1932 年，美国物理学家安德森经过反复实验，把狄拉克的预言变成了现实。他把一束 γ 射线变成了一对粒子，其中一个是电子，而另一个是同电子质量相同的粒子，这个粒子带的就是正电荷。1955 年，美国物理学家塞格雷等人在高能质子同步加速器中，用人工方法获得了反质子，它的质量同质子相等，却带负电荷。1978 年 8 月，欧洲一些物理学家又成功地分离并储存了 300 个反质子。1979 年，美国新墨西哥州立大学的科学家把一个有 60 层楼高的巨大氦气球，放到离地面 35 千米的高空，气球飞行了 8 个小时，一共捕获了 28 个反质子。从此，人们知道了每种粒子都有与之相对应的反粒子。

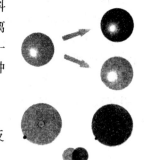

◆ 反物质真的存在吗

　　于是有人认为，宇宙是由等量的物质和反物质构成的。

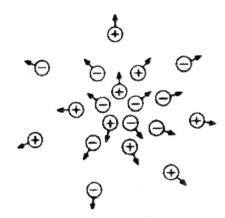

那么，宇宙中到底存不存在反物质呢？又是否存在着一个反物质世界呢？按照对称宇宙学的观点，答案是肯定的。这一学派认为，我们所看到的全部河外星系（包括银河系在内），原本不过是个庞大而又稀薄的气体云，由等离子体构成，等离子体包括粒子和反粒子。当气体云在万有引力作用下开始收缩时，粒子和反粒子接触的机会就会多起来，便产生了湮灭效应，同时释放出巨大的能量，收缩的气体云开始不断膨胀。这就是说，等离子气体云的膨胀，是由正、反粒子的湮灭引起的。

按照这种说法推论，在宇宙中的某个神秘的地方，必定存在着反物质世界。如果反物质世界真实存在的话，那么，它只有不与物质会合才能存在。可物质和反物质怎样才能不会合呢？为什么宇宙中的反物质会这么少呢？我们的疑问很多，想要弄清楚谜底究竟是什么，就必须通过人类不懈的努力去探索和研究，才能寻找出最终的答案。让我们拭目以待吧。

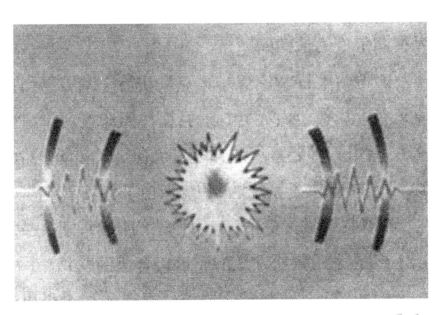

金刚石之谜

被视为"矿石骄子""宝石之王"的金刚石，其非凡的特性在大自然万事万物中堪称完美的表现；其晶莹剔透的外表，迷人亮丽的光泽，令人们赞叹不已。

▶ 金刚石的组成

金刚石的化学成分，以及它的出处，一直是科学界长期争论不休的问题。

古希腊大哲学家恩培多克勒认为金刚石是由四种元素（土、气、水、火）组成的；而按照印度科学家的说法，它由五种要素组成，即土、水、天、气和能。1704年，牛顿对此作了系统的研究，指出金刚石具有可燃性。而罗蒙诺索夫更预言，金刚石之所以坚硬——乃是由于"它是由紧密联结的质点组合成的"。

直到1796年，英国化学家台耐特才真正得出金刚石是纯净的碳的结论。

至于金刚石来自何方，在科学界更具争议。

起初人们大多认为金刚石来自地下的矿石，因为早期的金刚石多采自砂矿床。1870年在南非开普敦北部找到了世界上第一个原生金刚石矿床，该地即以当时英国殖民大臣金伯利勋爵的名字来命名，这就是后来的金伯利城。地质学家在矿区中发现，金刚石的成矿母岩是一种性状特殊的矿物成分，人们称它为金伯利岩，它最早是由英国人路易斯在1887年提出的。

后来，人们在世界各地相继发现了一些在性状和矿物组成等方面与

金伯利岩都很相似的岩体，并且认识到金伯利岩是原生金刚石矿床的主要成矿母岩。这是一种基质不含长石的偏碱性超基性岩，主要成分为橄榄石，多具角砾状或斑状结构，岩体通常呈漏斗形的岩筒（又名岩管或火山颈）或脉状岩石。根

据金伯利岩所含的高压矿物推测，金伯利岩浆主要形成于地幔之上，在高压条件下沿着地壳的深入断裂向上运移。由于它饱含高压气体（水及二氧化碳等），当上升而压力骤减时，体积迅速膨胀，在地下产生火山爆发，爆发后岩浆胶结碎屑物质充填火山颈，遂形成金伯利岩筒。

现在大部分人确信，金刚石就是由金伯利岩本身所含的游离碳，它是在剧烈上升和发生爆炸的整个岩浆活动过程中，也就是在高温高压条件下结晶形成的。人类在实验室中利用极高的温度和压力，已经能批量生产出人造金刚石了。前苏联科学院地球化学实验室采用同位素分析方法证明，金刚石不仅能在 150 千米以下的地幔上生成，也能在地下 10 千米的地壳里生成。岩浆通过地壳上部的岩管时，通道出现狭窄的小孔，由于这一缩颈现象，压力会突然从不超过 2 万大气压猛增到 100 万大气压，这样，岩浆碳就会变成金刚石。

美国佐治亚大学的加迪尼等人，在 20 世纪 70 年代至 80 年代测定了美国阿肯色州金刚石的气—液包裹体，竟然发现其中含有类石油的烃类物质（即由碳和氢构成的有机化合物），如甲烷、乙烯、甲醇、乙醇等，其中平均每克金刚石的油气含量约为 3.3×10^{-5} 克。因而他们认为金刚石的形成与地球深部的烃源有关。

宇宙的末日

宇宙会不会"死亡"？会不会因为突然发生一次史无前例的大爆炸而消亡？

宇宙未来的命运

根据科学家利用天文望远镜获得的最新观测结果显示：宇宙最终不会爆炸，而是会逐渐衰变成永恒的、冰冷的黑暗。这似乎太骇人听闻了，然而地球人或许没有必要杞人忧天，因为地球人暂时还不会被宇宙"驱逐出境"。据推测，宇宙很可能至少将目前这种适于生命存在的状态再维持 1000 亿年，这个时间相当于地球历史的 20 倍，或者，相当于智人（现代人的学名）历史的 500 万倍。不管宇宙在亿万年之后的情形怎样，它对今天地球人的生活都不会有丝毫的影响。

大爆炸理论

自 20 世纪 20 年代天文学家哈勃发现宇宙正在膨胀以来，"大爆炸"理论一直都处于被"修正"的过程中。根据这一理论科学家指出：宇宙的命运取决于两种相反力量长时间较量的结果。一种力量是宇宙的膨胀，在过去的一百多亿年里，宇宙的扩张一直在使星系之间的距离拉大；另一种力量则是这些星系和宇宙中所有其他物质之间的万有引力，

它会使宇宙扩张的速度逐渐减缓。如果万有引力大到足以使扩张最终停止，那么宇宙注定会坍塌，最终变成一个"奇点"；如果万有引力不足以阻止宇宙的持续膨胀，宇宙最终将会变成一个漆黑的、寒冷的世界。

显而易见，任何一种结局都在预示着生命的消亡。不过，人类的最终命运还无法确定，因为目前人类尚不能对扩张和万有引力作出精确的估测，更不知道谁将是最后的胜者，现在的观测结果仍然存在着许多不确定的

因素。

✚ 不确定因素

那么这种不确定因素又是什么呢？科学家指出：这一不确定因素涉及到"膨胀理论"。根据这一理论，宇宙开始于一个像气泡一样的虚无空间，在这个空间里，最初的膨胀速度要比光速快得多。然而，在膨胀结束之后，最终推动宇宙高速膨胀的力量可能还没有完全消失。它也许仍然存在于宇宙之中，潜伏在虚无的空间里，并不断推动宇宙的持续扩张。为了证实这种推测，科学家又对遥远的星系中正在爆炸的恒星进行了多次观察。结果证明：这种正在发挥作用的膨胀推动力可能仍然存在。

倘若真是这样的话，宇宙未来的命运就不仅仅取决于宇宙的扩张和万有引力，还与在宇宙中久久徘徊的膨胀推动力所产生的涡轮增压作用有关，因为这种作用可以使宇宙无限膨胀。

✚ 人类的未来

但是，人们最关心的或许还是智慧生命本身。人类将在宇宙中扮演什么角色呢？难道人类注定要灭亡吗？人类已经在越来越快地改变着地球，开始操纵着自己的生存环境，也许到那时，人类会凭借自己的聪明才智获胜吧，谁知道呢？就让未来的地球人迎接挑战吧！爱因斯坦在写给一个对世界的命运感到担忧的孩子的信中说道："至于谈到世界末日的问题，我的意见是：等着瞧吧！"

人类对宇宙的认识是永远没有终极的，认识穷尽的那天也许就是人类或宇宙毁灭的那一天。

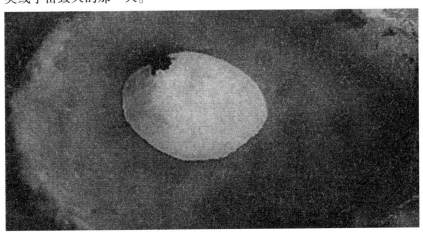

宇宙的颜色

20世纪末两位美国科学家宣布：宇宙的颜色应该是牛奶加咖啡形成的那种颜色。

▶ 探知宇宙的颜色

据美国媒体报道，宇宙的颜色是指所有发光体发出的光线综合起来形成的颜色。美国约翰斯·霍普金斯大学的格拉兹布鲁克和鲍德里介绍说，他们是在征求了三百多名资深天文网友的意见后，最终敲定宇宙颜色的。这两位天文学家最早是在美国天文学会举行的一次会议上宣布这一结论的。他们通过分析20万个星系所发出的光谱，发现宇宙呈现出的是比淡青绿色更绿一点的颜色。

▶ 征集意见

在这之后，一些科学家指出，格拉兹布鲁克等人研究用的计算机程序中存在问题，导致对宇宙颜色的判断不准。格拉兹布鲁克和鲍德里也承认了错误，重新分析后将宇宙颜色修订为类似奶油的米色，但他们后来认为这一说法不够确切，又邀请各界人士来为宇宙确定颜色。

据介绍，共有三百多人传来了电子邮件，建议五花八门，包括"大爆炸米色""银河金色""宇宙土色"和"天文杏仁色"等等。最后，牛奶咖啡色脱颖而出，成为获胜者。

格拉兹布鲁克和鲍德里曾表示，辨别宇宙颜色有点游戏性质，只是他们研究过程中的一个小小副产品。宇宙色彩如何，趣味性似乎大于科学价值，结论有些反复，人们也不必过于认真。事不过三，宇宙继续"变色"应该不太可能了。

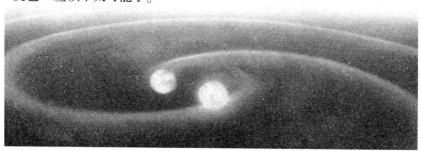

有没有可能设计一台穿越时空的机器

"时间旅行是可行的，而且我们知道如何去完成它。"保罗·戴维斯，这位或许是继斯蒂芬·霍金之后最知名的物理学家发出了豪言。真的吗？人类真的可以穿梭往来于时空之间吗？

▶ 时空旅行

相对论为我们提供了在未来时光中旅行的两种方法。一种是以高速进行运动，由这种运动而造成的时间扭曲能使我们在未来的时光中旅行。狭义相对论对此给出了解释——如果我们有一艘速度可达到光速99.999 99%的飞船，就可以在 6 个月内进入公元 3000 年。这种旅行是相对论的结果，它与著名的爱因斯坦理论如出一辙。孪生兄弟中的哥哥以接近光速的速度开始其太空旅行，而弟弟留在家里。哥哥到达 10 光年以外的目的地之后，立即以同样的速度返航。对于留在地球上的弟弟来说，时光流逝了 20 年，也就是哥哥以接近光速的速度旅行所花去的时间。但对于旅行中的哥哥来说，时光流逝的速度却要慢得多。事实上，相对论告诉我们，时间会随着速度的增加而放慢步伐。对于哥哥来说时间仅仅过去了 3 年，当他回到地球上时，就会发现自己经跨进了17 年后的未来。

▶ 旅行"成本"

接近光速旅行在技术方面没有任何禁区，只是一个成本问题。为了把一个 10 吨重的负载加速到光速的 99.9%，需要使用 100 亿焦耳的能量，这相当于全人类几个月的能源生产总量。

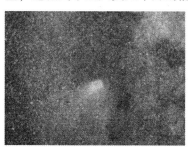

太空中有取之不尽，用之不竭的能源，只要人们去开发它。但这实际上成了一个政治问题：人类能否作出对太空进行必要的技术研究和开发的决定，以便使人类能够利用宇宙中大量的能源。还有另外一个问题就是：以高速系统进行的时空旅行或许只能进入未来却没有办法回来。事实上，假如我们的超级宇宙飞船到达了公元3000年后再返航，有可能现在地球的时光又跨出了一大步。

◾ 另一种方法

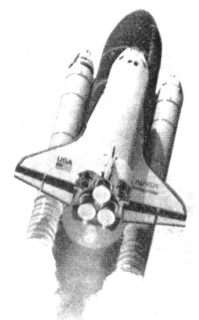

这个方法是爱因斯坦1916年在广义相对论中提出来的，这个理论将狭义相对论进行了扩展，其中包含了重力对时光产生的多种效应。新理论令人惊讶的结论在于重力会使时间放慢，而我们也可以验证这一点，比如地球的重力每300年可以让钟表慢1微秒。

1976年，物理学家罗伯特和马丁向太空中发射了一枚载有时钟的火箭，他们观察到这个时钟与放置在地球上同样的时钟相比，快了1/10微秒。为了在未来的时光中旅行，只需要利用那些强度远高于地球重力的引力场，比如中子星的引力场。中子星是那些在耗尽自身的燃料之后，由于受自身质量的影响而收缩到只相当于原来体积很小一部分的天体，但它们的总体质量仍维持在一个很高的水平，其中一些中子星仅比地球上的一座城市大一点儿，但其质量却超过了太阳。它们自身强大的重力使其原子变成了一堆中子，这种重力作用还会产生比在地球重力影响下要明显得多的时间扭曲：中子星上的7年相当于地球上的10年，因此，只要让我们的飞船到达这样一颗中子星上就会在未来的时光中迈出一大步。但问题是我们如何造出一艘能抵抗中子星附近极其恶劣条件的飞船。因为在那种情况下，我们是无法从未来时光中返航的。

时空转移

澳洲国立大学华裔科学家林秉江博士和他的同事证明，《星空奇遇记》的航天员作长距离转移是可以实现的。

量子传输

林博士的实验证明了量子传输的可行性。林博士小组的研究结果与科幻片《星空奇遇记》中的人体时空转移现象非常相似，但想将人体作空间转移，距离实现的日子还遥远得很。

单原子空间转移

科学能将固体物质在两个地方作空间转移这一目标的实现指日可待。1997年即已开始研究空间转移的林博士声称："我的预测是……未来几年内很可能有人会做出来，就是将单一原子空间转移成功。"

但他说将人体空间转移几乎不可能，因为我们是由无数的原子组成的。林秉江对这项研究的突破为未来10年研发超快又超安全的通信系统提供了可能。

超光速运动

狭义相对论中写道：一切静止的质量不为零的物体，其运动速度不能超过光速。光速是宇宙的极限速度，要超过光速犹如痴人说梦。

◤ 超越光速

根据爱因斯坦的狭义相对论和广义相对论，从理论上来说，超光速不是不可能实现的。一个静止的、质量不为零的物体，在接近光速运动时，其运动质量会无限增大。根据广义相对论，质量会使周围空间弯曲，通常我们看不到弯曲的空间，这是因为质量不是足够的大，空间弯曲程度太小。

◤ 火星运动轨迹

广义相对论最成功的例证是"水星运动轨迹"。由于太阳的质量很大，周围空间发生弯曲，而水星靠太阳最近，水星是在弯曲程度很大的空间中绕太阳进行圆周运动，因为我们有平直空间的惯性思维，所以能够观察到水星不是在闭合圆周上围绕太阳运动的。我们可以做一个实验加以说明：把一张纸从边缘剪一条直线到中央，然后沿剪开的缝将纸重叠部分粘起来，原来是平面的纸，现在是漏斗形弯曲的平面。假设漏斗的中心是太阳，水星在漏斗壁上作圆周运动，画一个圆，然后把粘贴的缝展开还原，回到平面上观察，会发现水星的运动轨迹不是闭合的圆。

◤ 真正意义的超光速运动

根据相对论，高速运动的物体，由于运动使物体的质量变大，所以越接近光速，质量就变得越大，它周围的空间就弯曲得越厉害。该物体是在弯曲的空间中以接近光速的速度作直线运动。如果我们把弯曲的空间展开，从静止状态观察，由于该物体所走的路程大于弯曲空间的路程，所以该物体的运动速度实际已超过了光速。

美天文学家发现特大黑洞

美国天文学家发现了三个特大质量黑洞的踪影。科学家对此感到十分振奋，黑洞之谜或许可以因此而解开。

■ 特大质量黑洞

新发现的黑洞，位置在距地球 5 000 万光年—1 亿光年的处女星座与白羊星座中。专家指出，大部分黑洞的质量，只比太阳多出数倍，但最新收集到的数据显示，这三个黑洞的质量，是太阳质量的 5 000 万倍—1 亿倍，所以可称为特大质量黑洞。

■ 类星体

美国密歇根州立大学的天文学家里奇斯通表示，他认为特大质量黑洞是类星体的遗物。类星体是离地球极远的天体，但它辐射的能量极强，比 100 个超巨星还要多。里奇斯通指出：类星体早在银河系中大部分恒星形成前就已出现，如果黑洞是由类星体发展而来的，那么黑洞的历史，就有可能比银河系还要悠久。里奇斯通说："黑洞在形成及发展期间，发射出的辐射及高能量分子，是银河系初期恒星形成时所需的能量及动能的来源。"

最近，又有科学家表示他们发现了两个孤寂的黑洞，它们毫无定向地在宇宙中漂流。大部分黑洞均被发现在普通的恒星旁边运行，专家可透过它们对周遭物质的影响，准确地追踪它们的轨迹。也许在不远的将来，黑洞之谜最终会水落石出。

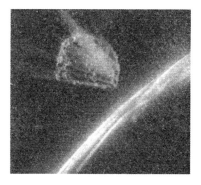

银河系中央可能藏匿超级黑洞

银河系中心位置可能有一个"超级黑洞"，其直径与地球相当，质量却至少是太阳的 40 万倍。它"吞噬"周围的一切物质，连光也无法逃逸。

人马座黑洞

最近，利用国际最先进的地面望远镜阵列，天文学家们拍摄到了最接近人马座黑洞的"射电照片"。英国《自然》杂志刊登了这一重大成果，并专门配发了评论：这是在现有观测条件下，确认银河系中心存在该"超级黑洞"的最令人信服的证据。此黑洞位于人马座方向，距地球约 2.6 万光年。

早在 20 世纪 30 年代，天文学家就从理论上预言了黑洞的存在，但由于它本身不发光，因此如何用观测的方法证实黑洞，成为现代天体物理学最具挑战性的课题之一。近几年来，科学家利用包括"哈勃"等空间和地面大型望远镜已经挑选出许多"候选黑洞"，其中离我们最近的银河系人马座黑洞，目前是各国天文学家竞相研究的热点。

拍摄黑洞

从 1997 年开始，利用位于北半球 10 个射电望远镜组成的阵列，科学家展开大量观测，并用新方法不断提高观测精度。在五年中，无线电波的"视线"一步步接近人马座黑洞，最终获得了世界上第一张 3.5 毫米波长的高分辨率图像。

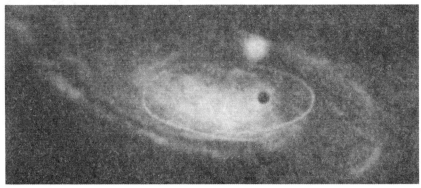

神奇的宇宙生命信息

人体是一个奇异而复杂的机器，不仅自身各系统能够互相协调，而且在血缘亲属之间也会有超越空间的信息传递，并发生奇妙的感应。就人体场而言，场不仅随人体而存在，而且可以离开人体存在于一定的空间，场与场的作用，便形成了信息传递。血缘愈近，信息愈强。

▶ 血缘之间的信息遥感

相传曾子外出打柴，家里来了客人，曾母便在自己手指上咬了一口，曾子顿时觉得心惊肉跳，丢下柴草赶回家中。曾子的孝顺是出了名的，所以他对母亲的信息感知力特别强。

唐代有个小吏叫张志宽，有天在衙门当班时突然感到心痛，他赶紧向县官告假，说自己心痛，必定是乡下母亲生了重病。县官不信，派人去访查，果真如其所言。

▶ 孪生之谜

信息链作用在孪生子之间表现得最为突出。在英国有一个小镇诺斯维克，有一对孪生姐妹，她们不但一同出生，一同讲话，甚至还一同死亡。她们的言行思想总是一致的。1994 年 4 月 8 日，她们双双死于心脏病，倒在自家的后门旁。她俩有一种特别的感应能力，两人不发一言，也能知道对方的脑海里想的是什么。最明显的是生病，其中一个生病，另一个一定也会生病。

另有一对孪生兄弟约翰和亚瑟，分别在布里斯托尔和温沙的空军中供职。1975 年 5 月 24 日晚，他们同一时刻死于心脏病。据他们家人说，在他俩一个人身上发生的事，往往在另一个人身上也会发生。

◖ 神秘的预感和前兆

生命信息充斥在宇宙空间，要捕捉这些信息很难，现代科学技术对此几乎是束手无策。要捕捉生命信息，还得靠生命本身，一句话，一个动作，可能就负载着某种神秘的信息。

戴高乐当选为法兰西第五共和国总统后，曾经对他的部长说："我将来不是被暗杀，就是暴卒。"这是戴高乐对自身生命信息的感知。结果，1970 年 1 月 9 日，正当家人准备为他筹贺 80 寿诞时，他却突然猝死于拉·布瓦慈利住处的书房里。

1961 年 5 月 25 日，肯尼迪总统在国会演讲时宣布，在 20 世纪 60 年代结束前美国人将登上月球。回到家里，他和家人说了这么几句话："我的登月诺言，我是十分盼望能够实现的。不过要是诺言还没有实现，我就死了，我们这里所有的人，就该记住：美国人登上月球之时，我将高高地坐在天堂的摇椅上，就像我现在坐在摇椅上一样，观看美国人登月，我会比谁都看得更清楚。"这是一种玩笑还是一种预言，令人感到神秘。结果，两年后肯尼迪被暗杀。把前后的事联系起来，人们不难发现，肯尼迪当时年富力强，而在 20 世纪 60 年代结束前登上月球，整个工程时间也不过 8 年，他完全不存在因衰老而死亡的可能。

浩瀚星空

　　人类总是自诩为万物之灵，可是仰望浩瀚的星空，人类只不过是沧海一粟。对璀璨繁星的探索如同人类对未来的幻想一样，是没有止境的。在永不停息的追寻和探索中，人们终将掌握广袤星空所隐藏的诡秘玄机。

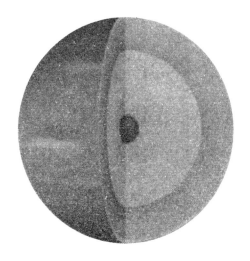

行踪难觅的水星

作为八大行星中距离太阳最近的一颗，水星有其他行星无法企及的光照，这也使水星面向太阳的一面非常热，而另一半却正好相反。在这个冰火交替的世界中到底有怎样的神奇呢？这都有待科学家的探索。

💠 水星的景象

黑墨般的天空悬挂着巨大的太阳，四周寂静无声，简直像一座炼狱。

别以为水星只是个滚烫的星球，有时候它也冷得吓人。在水星背向太阳的一面，由于没有大气调节温度，温度极速下降，而深夜最冷时能达到-173℃以下。水星的昼夜大约三十天交替一次，即在一个月的时间里，连续暴晒，接着一个月跌入寒夜。

这样一个火与冰的世界，对地球上任何生命都意味着毁灭，因此不可能有生命在水星上生存。

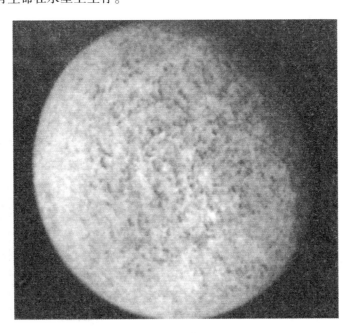

无水的水星

地球与月球相隔 38 万千米，地球与水星最靠近时也有 7 700万千米，而水星跟月球大小差不多，那么水星上的景象与地球上的相似吗？

◆ 神出鬼没的水星

水星是离太阳最近的一颗行星。它与太阳的平均距离只有 5 791 万千米，这个距离是地球到太阳距离的 0.4 倍。太阳光大概要用 8 分钟才能跑到地球上来，而到水星表面只用 3 分钟多一点儿的时间就可以了。

水星如此接近太阳，这使我们很难清楚地观测到这颗最靠近太阳的内行星，连专业的天文学家也经常看不到水星。

众所周知，水星的轨道"藏"在地球轨道的内侧，它每 88 天围绕太阳运行一周。在地球上观测水星，会发现水星总是在离太阳不远的地方来回转悠，水星和太阳像是亲密的母子，又好比是两个形影不离的伙伴，总之，它们真是永不分离的一对儿。在天空中的角距离总是非常小，最大时绝不会超过 28°，这就是说，在便利的情况下从地球上观看水星，水星只能在东方天空比太阳早升起一个半小时，或在西方比太阳迟落下一个半小时。而此时，太阳的光辉装扮着天空，水星被淹没在无尽的天光里，它被严严实实地包裹住了。

其实，水星常常很亮，有时与天空中最亮的天狼星也不分伯仲，但同太阳的晨光相比，就不免有些逊色了。

水星的大小在太阳系行星里排在倒数第二位，直径只有 4 880 千米，甚至连大行星的某些卫星都比不上。比如木卫三（直径 5 262 千米）、土卫六（直径 5 150 千米）都要比水星大得多。水星与地球的卫星——月球（直径 3476 千米）大小差不多。但是比起月球到地球的距离却远多了，月球到地球的距离是 38 万千米，水星与地球最靠

近时，距离也有 7 700 万千米。

⬛ 寻找水星

　　水星非常小，又总是贴近太阳，所以我们要见到水星真是需要大费一番周折。要想看到水星，只有当水星与太阳的角距离达到最大，这时，太阳在地平线以下，天色昏暗，而水星恰好在地平线以上的时候，我们才有机会"一睹芳容"。然而这样的机会也是千载难逢的，当水星非常艰难地恰好从地球和太阳之间通过时，我们才有可能在太阳圆面上见到这颗小小的行星。真是"千呼万唤始出来"，人们给这种现象取了个好听的名字：水星凌日。这种情形，每一世纪大约出现 13 次。

　　水星的行踪诡异，从地球上对它进行研究自然难以奏效。在地球上，用高倍数的天文望远镜观测水星时，也只能分辨出水星上 750 千米大的区域，更不要说看清水星表面的细节。曾经有人认为水星的自转周期与公转周期一样，但是，直到 20 世纪 60 年代，天文学家用射电望远镜对水星进行了雷达探测，观测结果清楚表明：水星自转周期是 59 天，是公转周期 88 天的 2/3，换句话说，水星绕太阳转两周，同时便绕自己的轴线转 3 周，这是非常和谐而统一的运动！

水星上有生命吗

水星上没有大气，太阳近距离地炽烤着它，以9倍于地球的光热纵情地倾注于水星之上，使水星面向太阳的一面，最高温度可达到400℃左右，岩石中的铅和锡都会因太阳光灼烤而熔化析出，在这种毒热的灼烤下，铅和锡都难逃厄运，更别提脆弱的生命了。

不要认为水星只是个滚烫炽热的星球，它有时候却冰冷无比。在水星背向太阳的一面，由于没有大气起调节温度的作用，温度下降极为迅速，其温度多在-173℃以下。水星的昼夜大约是一个月交替一次，即在一个月的时间里连续暴晒，接着一个月的时间里全是寒夜。水星是一个"双面佳人"，一会儿"热情如火"，一会又"冷若冰霜"。在这样"忽冷忽热"的世界里，任何有生命的东西进入这一国界，迎接它的恐怕就是"死亡"，谁愿意在这种地方安家落户呢？所以说水星上不可能有生命存在的。

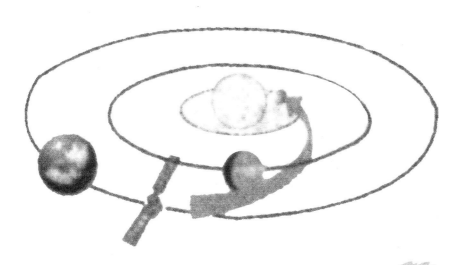

明亮的金星

在我国古代，当金星在黎明前出现时，它被称为"启明星"，象征天将要亮了；而当它在黄昏时出现时，它又被称为"长庚星"，预示长夜就要来临。

❖ 明亮的金星

"启明星""长庚星"就是金星，往往是晚上第一个出现和清晨最后一个隐没的星星。

从地球上远望，金星发出银白色亮光，璀璨夺目，亮度仅次于太阳和月亮。西方人认为爱与美的女神维纳斯就住在金星上。金星最亮时，亮度是天空中最亮恒星——天狼星的10倍。

金星如此明亮的原因有两点。一方面，是因为它包裹着厚厚的云雾，这层云雾反射日光的本领很强，而且对红光反射能力又强于蓝光，所以，金星的银白色光中，多少带点金黄的颜色；另一方面，金星距离太阳很近，除水星以外，金星是距离太阳第二近的行星，仅1.08亿千米，太阳照射到金星的光比照射到地球的光多1倍，所以，这颗行星显得特别耀眼明亮。

金星和地球相比离太阳较近，绕日公转轨道在地球的内侧，这点与水星很类似。但金星的轨道比水星轨道大1倍，所以，金星在天空中离太阳就要远些，容易被看到。金星被我们看到时，它与太阳的角距离可以达到47℃，也就是说，金星在太阳出来前三小时已经升起，或者在太阳落下三小时后出现在天空。这样，人们也就很容易看到它了。

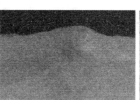

金星上有水吗

金星上有很少量的水，仅为地球上水量的十万分之一。那么，这些水分布在哪里呢？对"金星13号"和"金星14号"的探测结果研究表明：在硫酸雾的低层，水汽含量比较大，为0.02%，而在金星表面大气里却只有0.02‰。

■ 人类对金星的探索

金星表面找不到一滴水，整个金星表面就是一个特大的沙漠，每日的大风令金星表面的尘沙铺天盖地，到处昏昏沉沉。金星表面与地球有几分相似。因为有大气保护，金星上的环形山没有水星、月球上的那么多。与地球相比较平坦，但是有高山。金星上山的高度的最大落差与地球相似，也有高大的火山，延伸范围达30万平方千米。金星表面大部分看起来像地球陆地。不过，地球陆地只占表面积的3/10，其余7/10为浩瀚的海洋。金星陆地占其表面积的5/6，剩下的1/6是小块无水的低地——至今在金星表面还没有发现水。

火星上是否有生命

1965 年 7 月，美国国家航空和航天局首次成功发射的"水手 4 号"太空探测器，近距离地飞过了火星，并且向地球发回了 22 幅黑白图像。这些图像显示：这颗神秘的星球处处是令人触目惊心的深坑，并且显然和月球一样，是个完全死寂的世界。

■ 火星上存在生命吗

有些科学家认为，在伤痕累累的火星地表之下，有可能生存着最低级的、类似细菌或病毒的微生物有机体。而另一些科学家虽然感觉到火星上现在根本不存在生命，但并不排除火星上曾经出现过"生物繁盛"的可能性。

这些争论的范围不断扩展，其中的一个关键因素就是：从到达地球的火星碎片或岩石当中，是否找到了一些可能存在过的微生物化石，是否找到了生命现象的化学证据。这个证据，必须连同对生命过程进行的那些肯定性实验结果一同被认定下来，"海盗"号登陆车就曾经进行过此类实验。

■ 对生命存在的探测

"海盗"号上的质谱分光仪并没有探测到火星上有任何有机分子，这个事实受到格外的重视。不过，莱文后来证明：这个探测器上的质谱分光仪的工作电压严重不足——在一个标本里，它的最小灵敏度是 1 000 万个生物细胞，而其他正常仪器的灵敏度却可以下降到 50 个生物细胞。

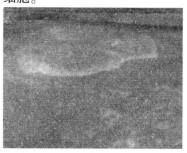

火星上冷得可怕——各处的平均温度为 $-23℃$，有些地区则一直下降到 $-137℃$。火星上能供生命生存的气体极为匮乏，例如氮气和氧气。此外，火星上的气压也很低，一个人若是站在"火星基准高度"上（所谓"火星基准高度"是科学家一致确定的一个

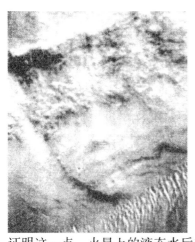

高度，相当于地球上的海平面），他感受到的大气压力相当于地球上海拔3 000米以上高度上的压力。在这种低气压和低温之下，火星上即使有水存在，也绝不可能是液态的水。

科学家们认为，没有液态水，任何地方都不可能诞生生命。假如这是正确的，那么火星过去和现在存在着生命的证据，就必然明显地意味着：火星上曾经有过大量的液态水，而且我们将看到，有无可辩驳的证据能够证明这一点。火星上的液态水后来消失了，这也无可质疑。但是，这并不意味着任何生命都不能在火星上存活。恰恰相反，最近一些科学家发现并经过实验证明：生命能够在任何环境下繁衍，至少在地球上是如此。

1996年，一些英国科学家在太平洋海底四千多米深的地方进行钻探，发现了一个欣欣向荣的微生物地下世界……这些细菌表明：生命能在极端的环境里存活，那里的压力是海平面压力的400倍，而温度竟高达170℃。

不难想象，在火星上有可能存活着某一类的生物，它们也许被封闭在10米厚的永久冻土层当中。

也许，在人类踏上火星之前，关于火星上是否有生命的问题永远都不会有一个明确的答案，这还需要人们长期的研究与探索才能揭开它神秘的面纱。

行星之王——木星

通过望远镜或者照片，我们看到的木星呈扁平状，而最引人注目的是木星顶部云层的那些云雾状的醒目条纹。明暗相间的条带，大体规则又有所变化，而且都与赤道平行。

▶ 彩带飘飘

这些条带都是木星的云层，而且是木星顶部的云层。木星被浓密的大气包围得严严实实，我们还不知道这层大气有多厚，大约有一千多千米厚。

木星快速自转，云就被拉成长条形。浅色的带是木星大气的高气压带，温暖的气流在带里上升，呈现出白色或浅黄色。深暗色的条带则是低气压带，气流在这里下降，呈现出红色和橙色。大气之所以不易跑掉，就是因为木星有巨大的吸引力能够束缚住漂泊不定的气体。

▶ 木星大红斑

木星除了有色彩缤纷的条带之外，还有一块醒目的标记，从地球上看去是一个红点，仿佛木星上长着一只"眼睛"。它的形状有点像鸡蛋，颜色鲜艳夺目，红而略带棕色，有时看上去又呈现出鲜红的颜色，人们叫它"大红斑"。

大红斑十分巨大，它的南北宽度保持1.4万千米左右，东西方向上的长度在不同时期也有所变化，最长时可达4万千米。也就是说，从红斑东端到西端，可以并排放下三个地球。一般情况下，大红斑长度在2000千米—3000千米，在木星上的相对大小，就好像是澳大利亚在地球上那样。

大红斑的颜色常常是红而略带棕色，偶尔也有变化。20世纪20年代至30年代，大红斑呈鲜红色，美丽夺目是前所未有的。1951年前后，大红斑曾出现过淡淡的玫瑰红色，且大部分颜色比较暗淡。近年来，科学家们发现，大红斑是一团激烈上升的气流，即大气旋不停地沿逆时针方向旋转，像一团巨大的高气压风暴，每12天旋转一周。这团巨大的风暴气流可谓"翻江倒海""翻天覆地"。从人类认识它以来，它已狂暴地旋转了三个多世纪，真是让人惊叹，简直可以说是一场"世纪风暴"。那么，它是靠什么"法力"能长盛不衰、长期肆虐呢？

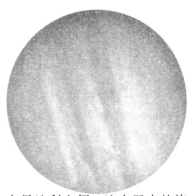

原来，大红斑凭借自己的"本领"占尽地利之便。这个巨大的旋涡夹在两股向相反方向运动的气流中，摩擦阻力很小。如果大红斑比现在要小得多，那么"阻力"力量便相应地要大得多，这团风暴要不了多久便会平息。

大红斑不是独霸木星的风暴，它还有一些小"兄弟"。"先驱者10号"于1973年12月也发现过小红斑，其扩大程度直逼大红斑。然而，"先驱者11号"于1974年12月再次飞过小红斑时却发现它已经消失了。小红斑从形成到消逝，只用短短两年时间，规模也只与地球上的风暴差不多，这跟大红斑不能相比。因此有人认为大红斑经久不衰应该还有别的原因。

遥远的天王星、海王星、冥王星

一个世纪以前，人们一直以为土星就是太阳系的边界。直到 1781 年，天王星被发现后，太阳系的疆域才延伸向宇宙深处。

▌ 天王星

天王星距太阳 28.8 亿千米，距地球 27.3 亿千米，太阳光到达天王星也要 2 小时 38 分钟。天王星最大半径为 2.59 万千米，体积是地球的 63 倍，质量是地球的 14.6 倍。

因为大气中由氢和氨构成的烷云层吸收红光，所以天王星是颗蓝绿色的星球。

天王星的卫星在太阳系里极不平常，在卫星上有众多的陨石撞击坑——环形山，还有大量结构复杂的地壳构造断层。天王星的运行方式也十分独特，一般的行星，都是侧身绕太阳运动，而天王星总是"躺"在它的轨道内旋转，这跟保龄球滚在球道上的情况很相似。

▌ 海王星

海王星半径约 2.46 万千米，是地球体积的 57 倍，质量的 17.2 倍。

1989 年 8 月"旅行者 2 号"来到了海王星，给我们带来了前所未有的信息。海王星也是非常美丽的，它有 4 个光环和 1 个尘埃壳，周围有 9 个卫星环绕，大气中还出现过云和风暴。

海王星的大气中，有三个明显的亮斑、两个暗斑和一个大黑斑。大圆卵形的暗斑直径大约 1.28 万千米，类似木星红斑，看上去犹如黑眼

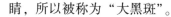

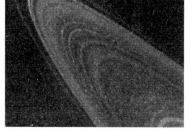

睛，所以被称为"大黑斑"。

海王星最受人关注的是它的两颗卫星"海卫一"和"海卫二"。海卫一直径 2 700 千米，表面温度在 -240℃ 以下，是太阳系中迄今所知最冷的天体。

海卫一最令人感兴趣的是它的类似羽状物的暗条纹。所有羽状物都指

向东北方。科学家认为，这是背风处风蚀的结果，或是海卫一南部因春天到来，极冰消融，地表下的氮沉积物迅速膨胀造成的。

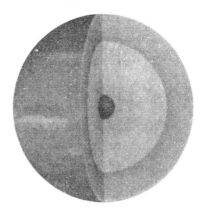

相对海卫一来说，海卫二要小得多了，其直径为 340 千米。海卫二的特别之处在于它轨道和亮度。它的轨道扁长椭圆，偏心率达到 0.75，比其他所有卫星轨道都显得更扁，离海王星很近时只有 140 万千米，远则可达 970 万千米。

海卫二的亮度在 1987 年 7 月的一次测量中，8 昼夜内变化 34 次，令人惊叹不已。

❖ 冥王星

冥王星是太阳系中的一颗矮行星，太阳光要经过 5 个半小时才能到达这里，所以冥王星上非常寒冷，温度低到 -240℃。冥王星的直径约为 2 284 千米，质量仅为地球的千分之二，因此，它在太阳系中显得极小。也因为其既远又小，所以冥王星很难被发现。

冥王星的亮度变化很特别。冥王星自发现以来一直朝近日点运动，亮度本应该越来越高，但它却变得越来越暗。

冥王星的卫星冥卫一也非常独特。冥卫一与冥王星的直径比为1/2，这样大的比例在太阳系中是独一无二的。

最令人不解的是，冥卫一的公转周期与冥王星的自转周期完全相同，都是 6.39 天（6 天 9 小时 17 分钟），更巧的是冥卫一的公转轨道面与冥王星的赤道面正好重合在一起。冥卫一的自转周期与它的公转周期也一样长。所以，与其说冥卫一在自己轨道上绕冥王星运动，不如说两者在互相绕行。冥王星自被发现以来，冥卫一的自转周期、公转周期都和冥王星的公转周期完全一样，这种"巧合"在太阳系里也是前所未有的。

星际物质

　　质量和体积都非常巨大的恒星，主要是由巨大的分子云构成，而这些分子云则是由稀疏的星际物质组成，这些星际物质的主要组成部分则是氢、氦和星际尘埃。

▶ 恒星诞生的原料

　　星际物质是星际间的稀疏物质，主要由氢、氦、尘埃组成。质量和体积巨大的恒星，其诞生的基础是巨大的分子云。而能诞生恒星的巨大分子云，又是由几近真空的星际物质，历经漫长的时间缓慢聚集而成。宇宙间的分子云，体积庞大，温度在零下数百度到零上数百度之间，平均约在 $-173℃$ 左右。经分析星际星云的吸收光谱而得知，星云 90% 的成分是原子或分子氢，9% 为氦，剩下的为较重的元素、分子与星际尘埃。

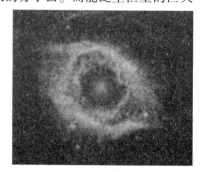

星　等

恒星的光度（天体每秒由其表面所辐射出的总能量），有时又称发光强度、发光能力或发光本领，计量的单位是瓦。

发光强度

恒星亮度与恒星的距离平方成反比关系，常被称为"距离平方反比定律"，所以计算恒星的光度时，要先知道其亮度与距离。视星等则是以主观视觉观察的恒星亮度为标准，这完全忽略了恒星远近这个重要因素。将恒星都移到距地球 10Pc 处，此时所得的亮度被称为绝对星等（绝对亮度），可量度恒星真正的"发光能力"。

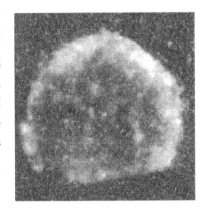

赫罗图

赫罗图是以恒星的表面温度（或光谱形态）为横轴、光度（或绝对星等）为纵轴的恒星生态图，最初由赫茨普龙和罗素先后提出，因而被命名为赫罗图。

▶ 恒星的演变图

大部分恒星分布在从图的左上到右下的对角线上，叫主序星，都是矮星。其他还有超巨星、亮巨星、巨星、亚巨星、亚矮星和白矮星等类型，而这一不同类型表示了它们有不同的光度。赫罗图是研究恒星的重要手段之一。它不仅显示了各类恒星的特点，同时也反映了恒星的演化过程。

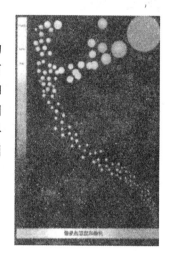

巨 星

在浩瀚的宇宙星空中，还有一类天体，它们是处在赫罗图上主序星和超巨星的中间位置。巨星的颜色主要以红色为主，光度强于矮星，但弱于超巨星。

关于巨星

巨星是指在相同光谱型下，光度比矮星强，比超巨星弱，体积比矮星大，比超巨星小的恒星。它们在赫罗图上位于主序星和最上方的超巨星之间。由于主序星中心区的氢不断地进行聚变反应，巨星的体积逐渐增大，表面积增大后，辐射能的增加赶不上表面积的增大，巨星表面的温度降低。由于表面积增大。巨星光度增加。于是，巨星就离开了赫罗图主序星的位置，向右上方移动。巨星有很多种颜色，其中以红色居多。

红巨星

　　红巨星是呈现出红色的巨星。称它为"红"巨星，是因为在恒星迅速膨胀的同时，它的外表面离中心越来越远，所以温度随之而降低，发出的光也就越来越偏红。

▶ 红色的大个儿

　　不过，虽然温度降低了一些，可红巨星的体积是如此之大，它的光度也变得很大，极为明亮。肉眼看到的最亮的星中，许多都是红巨星。在赫罗图中，红巨星分布在主序星区右上方的一个相当密集的区域内，大致呈水平走向。

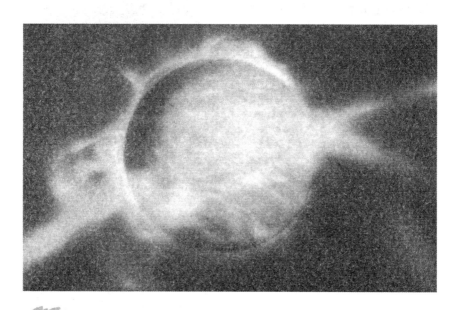

超新星

超新星是一颗恒星，在其生命最终阶段的一次大爆炸中释放出大量能量，以致天球上好像突然出现了一颗"新"星。

神奇的超新星

超新星不同于新星，虽然新星爆炸会令一颗星的光度突然增加，但是程度比较小，而且发生的机制不一样。超新星爆炸使恒星的外层气体散开，令周围的空间充满了氢、氦及其他元素，这些尘埃和气体最终会组成星际云。爆炸所产生的冲击波也会压缩附近的星际云，引起太阳星云的产生。

新　星

新星是能爆发的恒星。爆发时，光度能暂时上升到原来正常光度的数千倍，甚至 10 万倍。

▶ 能爆发的恒星

在爆发后的几个小时内，新星的光度就能达到极大，并在数天内（有时在数周内）一直保持很亮，随后又缓慢地恢复到原来的亮度。能变成新星的恒星在爆发前一般都很暗，肉眼看不到。然而，光度的突增有时会使它们在夜空中很容易被看到，这种天体就好像是新诞生的恒星。多数新星都存在于两颗子星彼此靠得很近并互相绕转的双星系中。

脉冲星

在银河系中，有一种周期性发出电磁辐射脉冲的星体，被人们称为"脉冲星"，又叫"中子星"。

▌ 强烈的电磁辐射脉冲

脉冲星是体积很小、密度很大的星体，又称为"中子星"，它们小到直径仅有 20 千米。当这些星体旋转时，人们可以探测到它们所发射的、有规律的周期性电磁辐射脉冲。有些脉冲星旋转得非常快，最高可达 1 000 转/秒。自 1967 年发现第一颗脉冲星以来，已有一千多颗脉冲星被发现并编入目录。据估计，在我们所属的星系即银河系中，可能有多达 100 万颗脉冲星。脉冲星是一种趋近衰亡边缘的恒星。

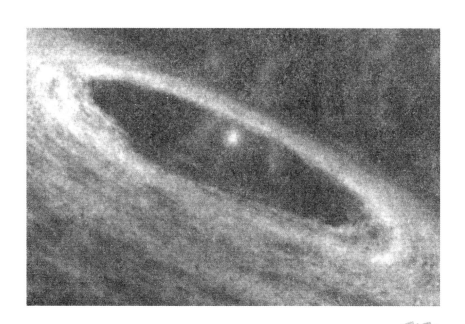

双 星

　　相距很近的两颗星体称为"双星"，其中较亮的星称为"主星"，而较暗的一颗叫作"伴星"。

相伴相生的天体

　　在所有的恒星中，双星或多星系统的比率超过51%。它有很多种类，如目视双星、天文测量双星、分光双星、交食双星。一般而言，经常在夜空中看到两颗星紧紧地靠在一起，这样的系统我们称之为"目视双星"。一般的目视双星是指这两个星球相距甚远，但彼此受重力牵引而互绕，并遵守开普勒第三定律。

分光双星

　　通过光谱分析得出的双星，如果双星系统彼此很靠近，或距离地球太远，也就是相对的视角太小，以至于无法从望远镜分辨出来。此时，通过光谱的观测，我们可以了解到这个双星系统以及这个双星系统的运动情形。主要是双星系统的互绕，会对地球有不同的相对径速度，也就造成谱线上会有光谱红移或蓝移的现象交替出现，如此即可从光谱上测量出双星相对于地球的径向运动情形。径向运动曲线可推出双星周期、运动轨迹与双星质量。

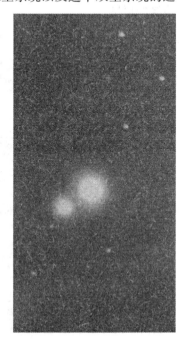

交食双星

　　有些双星系统，其中一颗星会在另一颗星前经过，产生周期性的光度变化，我们称这种双星为"交食双星"。交食双星是变星的一种。双星系统若是侧面向着地球，我们在地球上会看到这个双星系统的星球会互相遮住另一颗星的光的情形，有如可食的情形。

变　星

　　变星是指亮度有起伏变化的恒星。引起恒星亮度变化的原因有几何原因（如交食、屏遮）和物理原因（如脉动、爆发），以及两者兼有（如交食加上两星间的质量交流）。

忽明忽暗的亮度

　　还有一些恒星在光学波段的物理条件和光学波段以外的电磁辐射上也有变化，这种恒星现在也称变星。

宇宙间的量天尺

　　造父变星是最重要的一类变星。它是高光度周期性的脉动变星。造父变星光变周期越长，光度越大。发现了一颗造父变星只要测出它的光变周期，利用周期关系得到平均绝对星等，再由观测到的视星等算出其离我们的距离，故造父变星有着"量天尺"之称。

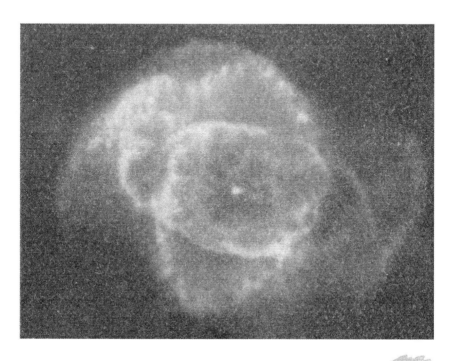

失踪的祝融星

祝融星也跟金卫一样爱玩"捉迷藏"的游戏，在被发现后不久，也销声匿迹了。

▶ 祝融星的发现

1859 年 3 月 26 日，法国奥格里斯一个名叫莱卡·鲍尔的博士观察到，在太阳圆面上有一个运动的天体，他对这一天体观察了 1 小时 15 分钟。巴黎观测台总监勒威耶为了核实莱卡·鲍尔的观测结果，登门拜访了这位博士。莱卡·鲍尔博士本人对这一观测结果十分怀疑，但勒威耶却兴奋不已，他对二人的会谈结果十分满意，并因此下了结论：一个水内行星（intramercurial）已被莱卡·鲍尔发现！勒威耶还计算出其质量为水星质量的 1/17，其运行周期是 19 天，并把它命名为祝融星（Vulcan）。

▶ 祝融星忽然失踪

1860 年莱卡·鲍尔博士把他的这一发现提交给巴黎科学院。很快，拿破仑三世就授予他令人垂涎的军团荣誉勋章（Legiond'honneur）。正

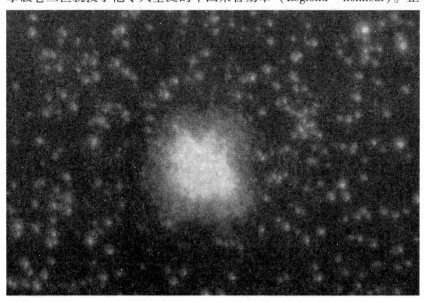

当法国人为他们的伟大发现扬扬得意之时，这颗祝融星突然在望远镜中拒绝登台亮相——就像金星的卫星一样，意想不到地悄然失踪了。与金卫的走失不同的是，这并非是失踪一颗卫星，而是一颗行星。

更糟的是，1878 年美国密歇根（Michigan）大学教授吉姆·瓦特森（James Watson）宣称他看到了两颗祝融星，而非仅仅一颗！一个名叫莱维斯·斯威夫特的业余天文爱好者在美国科罗拉多州最高的地方也观测到了祝融星。但斯威夫特绝非等闲之辈，他不是一个普通的观星者，因为他的星云学说早就得到了天文学家们的公认。

有人对此提出了质疑：所有这些科学家的观测结果都是幻觉。甚至有人嘲讽说，莱卡·鲍尔无所事事却得了军团荣誉勋章……这些说法纯粹太离谱，也太不近人情，因为毫无疑问，所有这些观察都是有目共睹、切切实实的。

不管怎么样，我们现在还不知道 1859 年穿越太阳圆面的那个天体具体是什么。它是一颗小行星还是一个来自另一个世界的巨大的空间站呢？是不是金卫也是一个周游到太阳系中的一个巨大的空中城堡呢？

"铁饼"星系——银河系

地球和太阳属于同一恒星系统，一个普通的星系——银河系，它在天体上的投影就像一条河。银河系比太阳系大得多，它包括的恒星数目多达千亿颗，太阳在银河系里只能算是一颗微不足道的小恒星。

▶ 浩瀚的银河系

银河系的形状正看像一块铁饼，侧看像一面凸透镜，呈中间厚、边缘薄的扁平盘状。中央凸起的部分叫银核，是恒星分布最为密集的部分，直径为 13 000 光年—16 000 光年。银核外面是银盘，直径为 82 000 光年。太阳系中的行星都按同一种方式围绕太阳旋转，而太阳却以银河系的中心为中心，在飞速地旋转着。整个银河系因为其行星的旋转速度非常快，才变成扁平状，看起来像条河。整个银河系的直径大约是 10 万光年，中心厚度 5 000 光年—6 000 光年，边缘厚度 2 000 光年—3 000 光年。

银河系的宏观结构由银盘和银晕两部分构成。银盘是星系的主体。银晕是包围在银盘周围的雾状物，由稀疏的年轻恒星和星际物质组成。银河系中心是一个球状体，它由许多老年恒星聚集而成，我们称之为"银心"，银心是一个很强的射电源和高能辐射源。球状体中的气体还不断地向外扩张着。科学家观测发现，银河系有四条旋臂，即是人马臂、猎户臂、英仙臂和银心方向的旋臂，太阳位于猎户臂的里侧。

我们下面来仔细分析银河系内部结构的组成。首先是"银道面"，它是银河系的主平面，是银河系中间对称的平面。银河系成员如恒星、尘埃云及气体等，绝大部分都对称地分布在这个平面的两侧，这些恒星、尘埃等越靠近银道面，就越接近银心，密度也就越大。太阳位于银道面以北约 8 秒差距处。银道面坐标系是以太阳为中心，以通过太阳且平行于银道面的平面作为参照面的坐标系。

银盘和银晕

前面讲过，银河系由两大部分组成——银盘和银晕。银晕是环绕着银盘的晕轮。

银河系外围是由稀疏分布的恒星和星际物质组成的球状区域。它的面积是银河系扁平主体的五十多倍。银晕中的主要成员是球状星团、贫金属亚矮星、周期长于 0.4 天的天琴座和极高速星，这些成员总称为"晕星族"。据科学家观测：银晕中没有年轻的 O、B 型星和电离氢区，却有来自银晕的射电。这些射电辐射源很强，达到 3.7 米，在银晕中均匀分布着。一般认为这种射电不是来自分立射电源，而是来自连续的射电背景辐射。

银河系的另一大组成部分是银盘——扁平状银河的"盘面"。

银盘以轴对称形式分布在银河系的周围。直径约为 25 千米差距，厚度约为 1 千米—2 千米差距，由中心向边缘逐渐变薄。银河系总质量相当于 $1.4×10^3$ 亿个太阳的质量，银盘承接着绝大部分的质量，而银晕虽然体积大，却因为密度太小而变得很轻。据观测：银盘在从银心到 1 千米差距处属于刚性转动；而 1 000 米差距以外的银盘则属于非刚性自转，这种自转的能力是较弱的。

三大旋臂

　　银河系有四条主要的旋臂，它们是星系的触手。下面我们就来仔细了解它。

▶ 银河系中的三大旋臂

　　银河系中，亮星云和其他天体分布成旋涡状，从里向外旋转。这种螺线形带我们称之为"旋臂"，是旋涡星系外形的主要特征。旋臂由恒星、星际气体和尘埃三部分组成，其中还可能会存在一个暗黑的尘埃窄条。在旋臂中还可以观测到电离氢区。银河系有四条或者更多条旋臂，用光学方法只可以观测到两条旋臂的一部分，用射电方法还可以观测到更多的部分。我们主要讲三大旋臂：英仙臂、人马臂、猎户臂。

▶ 英仙臂——最靠外的旋臂

　　英仙臂是银河系最外面的一条旋臂，位于英仙座上。英仙臂是银河

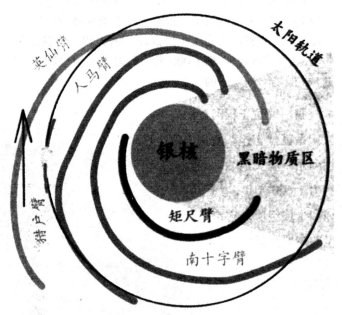

银河系旋臂结构示意图

系的主旋臂，但因为它的位置靠近外围，所以它的后方很少出现复杂结构的干扰，明亮的恒星也非常稀少，天文学家们很难借助它们来了解银河系。英仙臂并不是完整地围绕在银河系周围，它只是由年轻的恒星或星云构成的片段点缀在银河周围。位于英仙臂上的 IC1795 是英仙臂最大的恒星形成区。仙后座 A 则是 300 年前爆炸的恒星残骸。

人马臂——困扰天文观察的旋臂

人马臂位于猎户臂和银心之间，和英仙臂不同，这条旋臂完整地环绕银河系。人马臂上存在着巨大的船底座复合体恒星诞生区，其中的船底座 η 星是著名的亮星之一。人马臂也有恒星残骸、脉冲星和黑洞。人马臂非常不容易被天文学家观察，因为它靠近太阳系的部分主要是大型的星云和较为浓密的分子云。

猎户臂——太阳系所在的旋臂

猎户臂位于银河系的外围。我们所在的太阳系就位于这条旋臂内侧边缘附近，距离银河系中心大约 26 000 光年。猎户臂的粗细约为 1 600 光年，主要由年轻的恒星、星际气体和尘埃组成。猎户臂的附近区域是制造恒星的主要区域，年轻的恒星在即将诞生的新恒星的分子云附近。这个地区还存在一些短暂存活的恒星爆炸后的残骸。

关于彗星的传说

　　自古以来，彗星总是被人们赋予神秘而恐怖的色彩。在我国，老百姓都叫它"扫帚星"，认为它会给人类带来灾难、饥饿和战争。

▶ 神秘而恐怖的彗星

　　著名的哈雷彗星在 1066 年出现的时候，恰逢法国诺曼底公爵威廉率兵入侵英国，这次入侵法国一举获胜，建立了诺曼底王朝。威廉公爵夫人为了纪念这次胜利，将当时的情景编织在一幅挂毯上。图中一方是一群诺曼底人指着彗星露出胜利的微笑；另一方则是英国的哈罗德国王坐在王位上望着头上的彗星，惊恐异常。

　　然而，曾经担任过格林尼治天文台台长的埃德蒙·哈雷却不相信这些迷信传说。1682 年，26 岁的哈雷亲眼见到了那颗后来以他名字命名的彗星，他利用牛顿的彗星轨道计算方法，分析了 1337 年—1698 年以来有观测记录的 24 颗彗星轨道。他惊奇地发现其中 1531年、1607 年和 1682 年的三颗彗星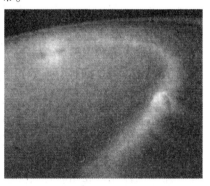无论在出现方式、运行轨道还是时间间隔上都有着惊人的相似之处。于是，他于 1705 年断定这几颗彗星是同一颗彗星的重复出现，并预言：这一彗星将在 1758 年再度出现在天空，并且每隔 76 年便出现一次。后来发生的事实证实了哈雷的预测，该彗星在 1758 年的圣诞之夜果然再次回归，遗憾的是哈雷已于 16 年前与世长辞，无缘与它会面了。为纪念哈雷的功绩，这颗彗星就被正式命名为"哈雷彗星"。

天文蛋与彗星蛋

太阳影响地球万物的生长，这是肯定的。那么太阳系以外的天体运行是否会对地球上的动植物产生影响呢？很多年来，人们一直在潜心研究这一问题。"天文蛋"及"彗星蛋"的频频出现，为这方面的研究客观地提供了实物证据。

■ 各地奇怪的蛋

1988 年 3 月 18 日发生了日偏食，我国发现了两只奇特的鸡蛋，引起科学界的极大兴趣。一只是由江苏省泰州市实验小学一名五年级学生饲养的一只黄母鸡所产。蛋的基本特征与普通蛋相同，奇在蛋壳上却有很多略微凸起的白色斑点，这些白色斑点有规则地构成了一些星辰天体图像，其中的一些白斑对应着牧夫星座与大角、女室星座与宿角一、狮子星座与轩辕十四、猎户星座与参宿四等星辰，这些图像清晰可辨。另一只是在四川省的自贡市川西矿区运输大队工会主席家中发现的，这只蛋的硬壳表面有 7 个凸出的斑块，它们构成了相当规则的北斗七星图案。而那只生蛋的母鸡在发生日偏食前 3 天，一反常态地停止了生蛋，而且显得十分烦躁。

除这种具有天文图像的天文蛋外，还有一种蛋叫作"彗星蛋"。

之所以称其为"彗星蛋"，是因为这种蛋是在彗星回归时产下的。

当哈雷彗星于 1682 年出现时，德国马尔堡的一只母鸡产下一只蛋壳上布满星辰的鸡蛋。1758 年，当哈雷彗星再次回归时，英国的一只乡村母鸡也产下了一只名副其实的彗星蛋，上面有十分清晰的哈雷彗星图像。

1834 年，希腊科扎尼的一只母鸡也产下了一只彗星蛋，蛋壳上的图案很规则。母鸡的

主人在高兴之余，把鸡蛋献给了政府，政府后又转呈教皇。而且还有一位画家为彗星蛋做了一幅木刻，以记此事，说明此蛋并非讹传。

是偶然还是必然

彗星蛋真的与彗星而且只与哈雷彗星的回归有关吗？

人们对此猜测不已，在 20 世纪 80 年代中期那次哈雷彗星回归前，苏联、美国、法国、意大利等国相继成立了调查小组搜求彗星蛋。结果 1986 年在意大利的一个居民家中果然找到了一只"彗星蛋"。

"彗星蛋"果真与彗星有关吗？是纯属偶然还是真的存在因果关系呢？人们对此还不能肯定，也许随着科技的发展，人们最终会找到问题的答案。

小行星

宇宙中有一些行星的形态很不规则，且体积很小。据估计，最小的小行星直径不到 1 000 米。

■ 太阳系中的小行星

这些行星都是由岩石构成的小天体，上面没有大气层，大多数小行星是一些形状很不规则、表面粗糙、结构比较松散的石块，表层分布着含水矿物。

谷神星是最早被发现的小行星。1801 年，意大利天文学家皮亚齐无意中发现了一颗位于火星和木星轨道之间的小行星，直径约 1 020 千米。当时的数学家高斯根据皮亚齐观测到的数据和现象计算出了这颗新天体的轨道。

太阳系中的许多小行星围绕着太阳运动，它们的轨迹介于火星和木星的轨道之间，构成了一个小行星带。

小行星和大行星一样，一边自转，一面自西向东围绕太阳公转。它们秩序井然地各自运行着，互不干涉。然而，有时它们巨大的邻居木星会把一些小行星拉出原先的轨道，迫使它们走上一条新的漫游轨道。现在已知的小行星都聚集在地球轨道到土星轨道的太空中。按其所在位置和轨道的不同，小行星可以分为三类：位于火星与木星之间的小行星带；与木星在同一轨道上的特洛伊小行星群；围绕太阳运行时穿过地球轨道且自身轨道明显伸长的阿波罗小行星。

一些距离很近的小行星，其轨道的近日点深入到内太阳系，有的甚至跑到了地球轨道，我们把它们称为"近地小行星"。近地小行星备受人们关注，因为它们有可能闯入到地球上来，与地球相撞。不过这种可能性是很小的，几百万年才会出现一次。因此，人们不需要过分担忧这种灾难的发生。

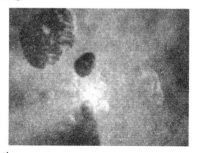

揭秘太阳

太阳给人们以光明和温暖，它带来了日夜和季节的轮回，左右着地球冷暖的变化，为地球生命提供了各种形式的能源。从古至今，人们对太阳的探索从未停止。人们将深入挖掘未解谜团，一睹无法触及的世界。

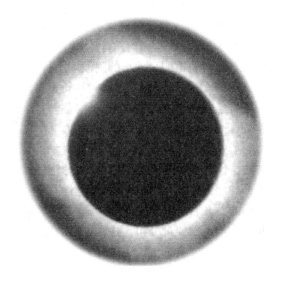

太阳系的起源

太阳系是怎样诞生的呢？科学家们各持己见，莫衷一是。

星云说

这种观点的首创者是德国的伟大哲学家康德。几十年以后，法国著名数学家拉普拉斯又独立地提出了这一问题。他们认为：整个太阳系的物质都是由同一个原始星云形成的，星云的中心部分形成了太阳，外围部分形成了行星。然而，康德和拉普拉斯在这个问题上也存在着分歧：康德认为太阳系由冷的尘埃星云进化演变而成，先形成太阳，后形成行星；拉普拉斯则相反，认为原始星云是气态的，且十分灼热，因其迅速旋转，先分离成圆环，圆环凝聚后形成行星，太阳的形成要比行星晚些。尽管两者之间有这样大的差别，但是大前提是一致的，因此人们把他们合在一起，将这种观点称为"康德-拉普拉斯假说"。

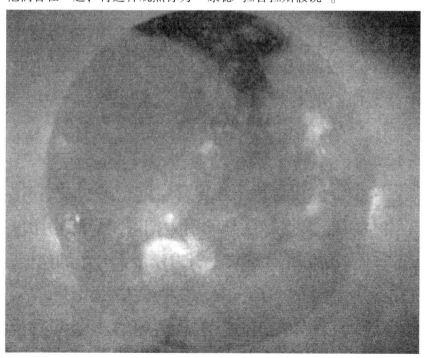

灾变说

法国的布丰首先提出了灾变说。20世纪50年代时，又有一些人相继提出太阳系起源于灾变。这个学说认为太阳是最先形成的，然后在一个偶然的机会中，一颗恒星（或彗星）从太阳附近经过（或撞到太阳上），它把太阳上的物质吸引出（或撞出）一部分。这部分物质后来就形成了行星。根据这个学说，行星物质和太阳物质应源于一体，它们有"血缘"关系，或者说太阳和行星是母子关系。他们都把太阳系的起源归结为一次偶然的撞击事件，而不是从演化的必然规律去进行客观的探讨。由于银河系中行星系是普遍存在的，太阳系绝不是唯一的行星系，只有从演化的角度去探讨才有普遍意义。就撞击来说，小天体如果撞击到太阳上，由于它的质量太小，不可能把太阳上的物质撞出来，相反会被太阳吞噬掉。1994年，彗星撞击木星就是最强有力的例证。21块彗核对木星发起连续的攻击，但在木星表面仅引起一点儿小小的涟漪。那么恒星与太阳相撞而形成太阳系的概率就更小了。因此，曾提出灾变说的一些人，后来也自动放弃了他们原有的观点。

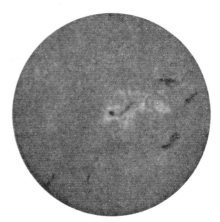

俘获说

这个学说认为太阳在星际空间运动时，遇到了一团星际物质，太阳靠自身的引力把这团星际物质俘获了。后来，这些物质在太阳引力作用下开始加速运动，就像在雪地里滚雪球一样，由小变大，逐渐形成了行星。在这个学说里，太阳也是先形成的，但行星物质并非从太阳上分化出来的，而是太阳俘获来的。

太阳的对流层

太阳的对流层是太阳内层的最外层，是太阳内部的组成区域之一，它将能量以对流的形式传出。

▪ 对流层的形成

那么对流层是如何形成的？为什么会如此强烈呢？原因在于辐射区的外围温度下降得很快，物质的透明度也就降低了，再加上太阳表面的辐射损失变大，使得上下温差也随之变大，这就形成了以湍流为主的强烈对流层。对流层靠近太阳表面的光球层，厚约15万千米，内温度高达$1×10^6℃$。几乎完全不透明的对流层以对流的方式使辐射传来的能量在高热气团的作用下来到太阳表面，与此同时太阳表面较冷的气团则会下沉。

太阳辐射层

　　辐射层处于对流层下方，从核心向外到半径75%的区域称为辐射层，它是太阳内部的组成区域之一，同时也是向外传输能量的区域。

◗┓ 辐射层

　　来自核心的Y射线与X射线光子，通过不断地与辐射层内的物质粒子相碰撞，被物质粒子吸收后再辐射，最后便以可见光的形式传到太阳表面，辐射到四面八方。辐射区内，光子平均运动1厘米就与物质粒子碰撞一次，由此可见，它需要很长的时间才能到达太阳表面，有90%以上的太阳物质都在辐射层内。

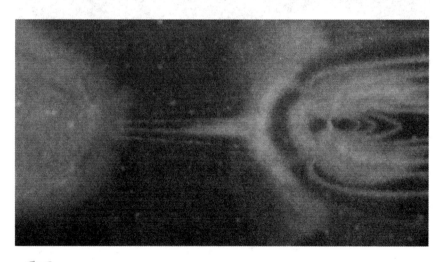

复杂的天文大家庭

太阳系是复杂的天文大家庭中的一员，它的中心是炽热的太阳，太阳质量极大，占据太阳系总质量的99.85％；余下的质量中包括行星与它们的卫星、行星环，还有小行星、彗星等等。然而它们的质量比起太阳的质量来，却是微不足道的。

■ 太阳系

太阳系围绕整个银河系的中心运转，它所有天体的总面积约有17亿平方千米。看来它真是个庞大的系统！

早期的太阳星云崩溃后，中心继续升温并压缩，炽热的程度可以使灰尘蒸发。中央的不断压缩使它摇身一变，成了一颗质子星，大多数气体逐渐向里缓缓移动，又增加了中央原始星的质量。它们也有一部分在自转，由于离心力存在其中，阻止它们向当中靠拢，于是它们逐渐形成了一个个绕着中央星体公转的"添加圆盘"，并向外辐射能量，逐渐冷却。气体冷却后，金属、岩石和离中央星体较远的冰浓缩成微小粒子。微小粒子互相撞击，又形成了较大的粒子。这个过程不断进行，直到形成大圆石头或小行星。

■ 太阳系以外的太阳系

在宇宙中，当一颗新生恒星周围存在碟状宇宙尘埃物质时，这些尘埃物质在漫长时间中会逐渐聚集联合起来，形成一个个较大的陨石块。当这些陨石块之间发生撞击并融合到一起时，便会激起大量尘埃和岩石碎块。它们经过长时间的逐步演变，最终会形成一个早期行星系统的雏形，而那些陨石块和恒星周围的尘埃也会销声匿迹。寻找太阳系以外的行星系，是许多天文学家毕生追求的目标。自1992年天文学者发现第一个别的行星系算起，至今人们已发现了几十个行星系，但我们对它们的了解却是少之又少。这些行星系的发现和研究，主要依靠的是多普勒效应，即精密测试恒星的周期性变化，以此推断是否有行星存在，并且严格地计算行星的质量和轨道。但这也只能发现一些大行星，像地球大小的行星就难以发现了。

太阳系中的八大行星

　　2006年8月24日于布拉格举行的第26届国际天文学大会通过的第5号决议中，冥王星被划为矮行星，从九大行星中除名。

　　太阳系中的八大行星，依照距离太阳由近到远的顺序，分别为：水星、金星、地球、火星、木星、土星、天王星、海王星。它们按照各自的轨道逆时针绕太阳运行。根据结构、体积等方面的差异，我们把天王星归为气体行星。还有固体行星，如地球。最小的行星是海王星，最大的行星是木星。这些行星为太阳系增添了无限魅力。

太阳系中是否存在第九颗行星

太阳系中是否存在第九颗行星？有天文学家曾宣称发现了第九颗行星，并指出了行星的距离、轨道、质量、位置和亮度，但多家天文台据此寻找，均无法找到这"第九颗行星"，因此没有人能确定它的存在。

■ "喀戎"小行星

大家都知道，太阳的引力作用范围是很大的，应该可以达到大约4 500个天文单位。而距离太阳最远的海王星只有100个天文单位。由此科学家们推测，在太阳系的边缘，远在海王星之外的空间，应该存在第九颗，甚至第十颗行星。在1977年年底，美国著名天文学家柯瓦尔在天王星和土星之间发现一个环绕太阳运行的天体，后经天文学家半年多的不懈努力观测，认为它还不够大行星的资格，基本上认定它只是一颗小行星——这就是"喀戎"小行星。究竟太阳系中是否存在如科学家们所说的"第九颗行星"呢？科学家们对此还在不断地研究探索当中。

■ 新的星际探索

现在，人们完全可以不借助已知行星的偏移来寻找新的行星了。空间探测器的精密仪器已经伸进了遥远的行星际空间。20世纪70年代美国先后成功地发射了"先驱者10号"和"先驱者11号"、"旅行者1号"和"旅行者2号"，它们都担负着考察太阳系外围空间的重大任务，在一路上飞掠过木星、土星、天王星、海王星后，会飞出太阳系，到广袤无垠的宇宙中去探索。但就目前发回的照片及资料，还没找到证明有新行星存在的证据。

地面上的天文学家并不气馁，他们一边等待航天飞船带回更新的成果，一边也毫不松懈地借助大型望远镜搜寻天空。

太阳系的运动

太阳系是银河系的一员，它围绕银河系的中心运转。移动速度约为 220 千米/秒，绕银河系运转一周为 2.26 亿年。太阳系中的八大行星除金星外，其他行星的自转和公转方向都是相同的。

科学家们研究发现，整个太阳系正朝着武仙座的方向永不停息地移动着，逐渐远离银河系。

▶ 日心说

日心说是由波兰天文学家哥白尼于 1515 年左右提出的关于天体运动的学说。在当时引起了强烈的反响。哥白尼认为：地球只是引力中心和月球轨道的中心，并不是宇宙的中心。所有天体都围绕太阳运转，宇宙的中心就在太阳附近等等。"日心说"具有划时代的科学意义，该学说理论虽然具有一定的局限性，但在当时却推动了天文学的根本变革。

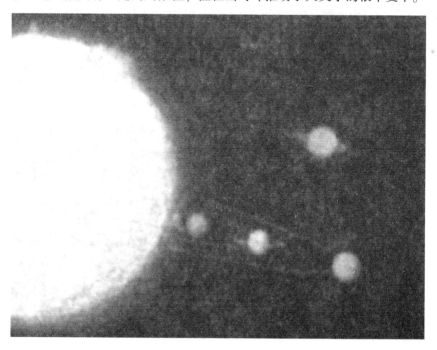

太阳耀斑

我们现在去认识一下"太阳耀斑"。众所周知，光球原是太阳大气的最内层的部分。其厚度约有 500 千米，平均温度约为 6 000℃，呈气态。光球就是人们实际能够用肉眼看到的太阳的面。

■ 米粒组织

我们在这一层面上可以观测到很多的太阳活动：米粒组织和超米粒组织形成的气体对流现象，太阳黑子是光球层上巨大的气流旋涡。而太阳黑子形成前产生炽热的氢云，就是我们说的"耀斑"。

先来说说米粒组织。它是太阳的光球层上发生的一种太阳活动，由于看上去是一些密密麻麻的极不稳定的斑点，像一颗颗的米粒，因此叫它"米粒组织"。米粒组织的直径一般在 300 千米—1 000 千米，温度比光球的温度高 300℃—400℃，亮度强 10%—20%，持续时间一般为 5 分钟—10 分钟。米粒组织是光球下面气体对流产生的现象。另外还有超米粒组织，然而它的大小与寿命都比一般的米粒组织要强得多。

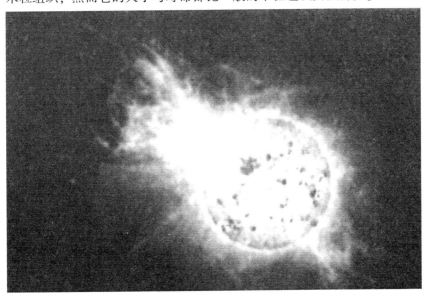

太阳耀斑

　　耀斑是太阳表面强烈的活动现象。耀斑一般持续时间较短，但耀斑释放出的能量十分巨大。耀斑产生在日冕的低层，下降到色球层。耀斑与太阳黑子存在密切联系，在大的黑子群上面，特别容易出现耀斑。小型耀斑伴随着太阳黑子的出现是经常能见到的。但特大的耀斑只有在太阳活动峰年时才可能出现。真可谓是"千载难逢"！

　　太阳出现巨大耀斑时，常同时发出大量高能带电粒子——"太阳宇宙线"，这在地球周围是可以观测到的，这就是太阳质子事件。当太阳发生耀斑或者射电爆发时，常常伴有大量的高能质子流火速到达地球，对宇宙飞船、人造卫星产生非常严重的危害，同时也会影响无线电通讯、卫星导航和长距离电力传输等。据不完全的统计，平均每年较大的质子事件就有 8 次。太阳质子事件对航天事业存在着极大的危害。

日珥、日冕、日食

日珥是发生在太阳色球层的一种太阳活动现象。日全食出现时，人们可以看到在"黑太阳"的周围有一个红色的光环，那就是太阳的色球层。色球层上时常会射出一束束很高的火柱，这些火柱就叫作"日珥"。日珥分为宁静的、活动的以及爆发的三大类。

▶ 活动的日珥

活动日珥总在不停地运动变化着，像喷泉一样从日面喷出很高，又慢慢地落回到日面；爆发日珥以每秒数百千米的速度，将物质喷发到几十万甚至上百万千米的高空，场景格外宏伟壮观。

太阳从色球中，频频喷射出纤细而明亮的流焰，称为针状体。针状体是太阳表面的高温等离子流体，它们像针一样以大约 20 千米/秒的速度"刺"向太阳大气。每时每刻都有约 10 万个针状体在积极活动。

⊹ 日冕

日冕是太阳大气的最外层，厚度达到几百万千米以上。日冕温度高达 $1.5 \times 10^6 ℃ — 2.5 \times 10^6 ℃$。在这极其酷热的高温下，带正电的质子、氦原子核和带负电的自由电子运动速度极其迅猛，它们不断挣脱太阳的引力束缚，拼命射向太阳的外围，形成太阳风。日冕发出的光比色球层的还要微弱。日冕被人为地分为内冕、中冕和外冕三层。日冕只有在出现日全食时才能看到，它是极其稀有罕见的太阳活动现象。通过 X 射线或远紫外线照片，看到的日冕中大片不规则的暗黑区域称为"冕洞"。

日食是太阳被月球所遮盖的自然现象。当太阳、月球及地球接近排成一条直线时，地球便会躲进月球的本影或半影中，日食便会发生。日食可分为日偏食、日环食及日全食三种。日食本身并不稀奇，地球上一年当中会有两次或两次以上见到日食的机会，但由于日食带的范围并不广阔，导致在同一地区，平均要每隔 2 年—3 年才可看到一次日偏食，而日全食则更是非常罕见。

太阳黑子

太阳黑子是在太阳光球层上发生的一种太阳活动，是太阳活动中最基本、最明显的活动现象。太阳黑子实际上是太阳表面一种灼热气体产生的巨大旋涡，温度大约为 4500℃。因为它的温度远低于光球层表面的温度，所以看上去像是一些深暗色的斑点。

一个较完整的黑子是由较暗的核和周围较亮的部分构成的，中间凹陷大约 500 千米。黑子大多成双入对或是成群地出现。

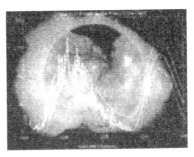

黑子出现的时间并不是均匀分布的。黑子周期开始时，黑子主要出现在南、北纬约 35°，而在黑子周期结束时，黑子通常又出现在南、北纬约 5°。

日　核

　　日核，约占太阳半径的20%，集中了太阳质量的一半，高温高压使这里的氢原子核聚变为氦，根据爱因斯坦的质能转换关系 $E=mc^2$，每秒钟质量为6亿吨的氢热核聚变为5.9亿吨的氦，释放出相当于400万吨的能量。

　　日核是太阳的核心，是太阳的能源所在。它的压力为地球大气压力的 2.5×10^{11} 倍，温度估计约为 1.5×10^7℃，是氢进行质子—质子热核熔合的反应区。核心物质的密度为150克/立方厘米，远高于铁的密度7.8克/立方厘米。日核产生核聚变反应之处，氢核聚变便会产生强大的光和热。质子—质子链与碳氮氧循环是氢核聚变的主要过程。

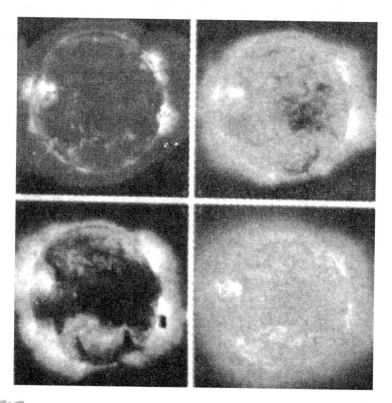

太阳的能量

太阳的能量能够长时间地燃烧和释放。其输出功率为 3.826×10^{26} 瓦，如此强大的能量来自于核心的核聚变反应：每秒钟有大约 7×10^{11} 千克的氢聚变成 6.95×10^{11} 千克的氦，其间损失的 5×10^{9} 千克质量即转换为庞大的 γ 射线能量。

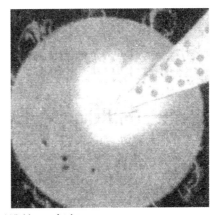

γ 射线在前进到太阳表面的过程中，会不断地被四周粒子所吸收，从而发出较低频的电磁波，到太阳表面时所发出的主要是可见光。而在最靠近太阳表面 20% 厚的区域，传递能量主要是靠对流而非辐射。太阳的输出总功率为 3.826×10^{26} 瓦，核心核聚变反应提供了绝大部分的能量。如此长时间地燃烧和释放能量，太阳能够维持多久呢？据科学家推算，太阳大约可以再维持 50 亿年。

太阳的自转

科学家通过一个全球性的太阳观测网惊奇地发现：太阳内核自转速度比其表层赤道位置要慢 10% 左右，太阳表层每 25 天—35 天自转一周，其赤道位置旋转速度为 6 400 千米/时，而太阳内核自转速度则相对较慢。

由于太阳内核与表层自转速度不一致，表层经过一定时间后才会再次与内核原先的位置相重叠，而这一周期大约需要 11 年。太阳自身在不停地旋转，这是种内外不一致的旋转，科学家们的此次重大发现为人类进一步认识恒星，乃至深入了解整个宇宙活动开辟了一个研究方向，拓展了一个新领域。

太阳中的元素

印度于 1868 年 8 月 18 日发生了一次日全食。法国经度局研究员、米顿天体物理观象台台长詹森为了抓住这百年不遇的观测机会，特意带着他的考察队专程赶往印度观测，希望弄清日珥现象产生的原因。

■ 氦元素的发现

他在观测日全食时发现太阳的谱线中有一条黄线，并且是单线。而钠元素的谱线是双线，所以詹森肯定它不是早已发现的那种钠元素。

■ 残缺的铁原子

詹森把太阳中存在又一新元素的重大发现写信通知了巴黎科学院，1868 年 10 月 26 日，詹森收到了另一封内容相同的信，那是英国皇家科学院太阳物理天文台台长洛基尔寄来的。两个著名科学家不约而同的新发现，使人们确认了这是一个大家未曾认知的新元素。这就是氦——地球上发现的第一种太阳元素。

科学家们在 1869 年和 1870 年又进行了两次日全食观测，人们又发现了一条绿色的谱线，经天文学家们证实这也是一种新元素，并给它命名为"氪"，但这个元素后来没有被列入化学元素周期表。瑞典光谱学家艾德伦经过七十多年的研究，发现"氪"不过是一种残缺的铁原子——铁离子。它是失去 9 至 14 个电子的铁，是一种在极其特殊的环境下生成的铁。

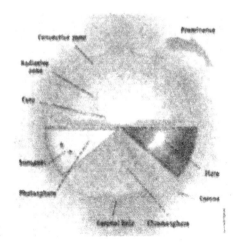

经过长期细致的观测，科学家们发现，太阳上元素最多的是氢和氦，比较多的元素有氧、碳、氮、氖、镁、镍、硫、硅、铁、钙共 10 种，还有六十多种含量极其稀少的元素。到 20 世纪 80 年代，科学家们确定

太阳上有 73 种元素。此外还可能有从氢到氦 19 种元素的存在,其中包括 9 种放射性元素。

那么太阳中到底有多少种元素呢?凭目前的科学技术,我们还无法得出准确的数据,无法给大家一个满意的答复,但我们都相信科学技术在日新月异的高速发展中,终究有一天会将宇宙中的难题逐一破解。

太阳的未来

太阳普照大地已50亿年之久，处于壮年期的太阳正稳定地释放着光热。据科学家们分析研究，太阳核心的氢燃料在50亿年后将被消耗掉，那么那时的太阳将会是什么样子呢？

50亿年之后，太阳会开始衰老，变成一颗鲜红明亮的红巨星。到那时，它的直径要比现在大250倍，太阳的轨道会把地球的轨道紧紧环抱。太阳在变成红巨星之后，将开始收缩，日核也将变成一个极其密小的核。这时的太阳就会如同一位风烛残年的老人，不再有青壮年时的勃勃英姿，它会成为一颗与地球大小差不多的白矮星。再过十几亿年，太阳将不断冷却，最终变成一颗又冷又暗的不起眼的黑矮星，太阳也就结束了自己辉煌灿烂的一生，这就是太阳的未来。也许50亿年以后，人类具有超级发达的科学技术，会让太阳再度辉煌起来，但这是很久以后的事情，人类现在是无法预知的，但我们希望会有奇迹的出现。

太阳中微子失踪之谜

加拿大、美国和英国科学家于近日联合宣布：他们在加拿大进行的中微子观测实验已经获得初步结果，有可能对长达30年的太阳中微子失踪之谜进行解释。

■ 何为"中微子"

有关新闻公报说，新的观测结果表明，目前关于太阳活动的理论模型并没有错误，但关于中微子的理论则需要修正。

中微子是一种不带电、质量极小、穿透力极强的基本粒子，它有三种类型，分别是电子中微子、μ子中微子和τ子中微子。太阳的热核反应会释放出大量的电子中微子。

■ 对中微子的研究

科学家从20世纪70年代就开始测量抵达地球的中微子，然而测量结果仅为根据太阳活动理论算出的几分之一，看上去好像有大量来自太阳的中微子"失踪"了，这就是所谓的"太阳中微子失踪之谜"。它意味着目前的太阳活动理论或中微子理论至少有一个存在问题。

科学家们在加拿大安大略省萨德伯里的一个镍矿中建造了一台中微子探测器，称为"萨德伯里中微子观测站（SNO）"。这一观测站于1999年开始运转，第一阶段的测量工作已经结束了。

研究人员将新的数据与以往的研究成果相结合，发现太阳释放出的电子中微子在旅途中有一部分转变成了其他类型的中微子，事实上太阳

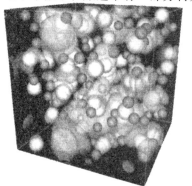

产生的中微子数目与目前太阳模型预言的非常吻合。

确定太阳产生的电子中微子会转变成其他类型的中微子，对在微观层面上全面理解宇宙有着重要意义。根据当代物理学的标准模型，这种形式的中微子类型转换是不会发生的。理论物理学家必须寻找更好的解释，来把这些新成果融合进去。

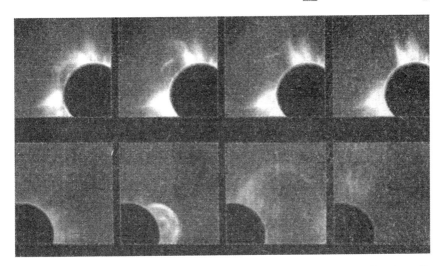

科学家还说，这项新的研究成果还表明中微子确实是有质量的。将新数据与已往的研究结合，能够确定中微子质量的上限。尽管宇宙中有许多中微子，但中微子的质量上限表明它们只占宇宙物质和能量总数的一小部分。

萨德伯里中微子观测站位于地下 2 千米处，体积相当于一座 10 层大楼。它使用了 1 000 吨超纯重水，通过观察中微子与重水发生反应变成质子的过程，来探测抵达地球的太阳电子中微子数目。由于中微子很难与其他粒子相互作用，因此该观测站平均每天只能捕捉到 10 个中微子的踪迹。

破解地球

地球是人们赖以生存的家园，然而科技在进步，视野在拓展，人类的"触角"也在不断伸长，从地球的诞生到地球应该如何面对灭顶之灾，以及那些悬而未决的谜题，人们一直在不懈地探索着、思考着。

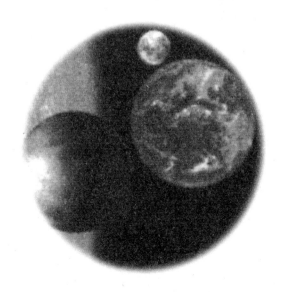

旋转的地球

众所周知，地球在一个椭圆形轨道上围绕太阳公转，同时又绕地轴自转。正是因为这种不停的公转和自转，地球上才有了季节变化和昼夜交替。

地球的自转

是什么力量驱使地球这样永不停息地运动呢？地球运动的过去、现在、将来又是怎样的呢？

人们最容易产生的错觉是，认为地球的运动是一种标准的匀速运动。

其实，地球的运动速度是在不断地变化的，而且极不稳定。根据"古生物钟"的研究发现，地球的自转速度在逐年变慢。如在 4.4 亿年前的晚奥陶纪，地球公转一周要 412 天；到 4.2 亿年前的中志留纪，每年缩短到 400 天；3.7 亿年前的中泥盆纪，一年为 398 天；到了 2.9 亿年前的晚石炭纪，每年约为 385 天；6 500 万年前的白垩纪．每年约为 376 天；现在一年只有 365.25 天。而天体物理学的计算，也证明了地球自转速度正在变慢的事实。科学家将此现象解释为月亮和太阳对地球潮汐作用的结果。

石英钟的发明，使人们能够更准确地测量和记录时间。通过石英钟计时观测日地的相对运动，人们发现在一年内地球自转存在着时快时慢的周期性变化：春季自转较慢，到了秋季就会加快。

科学家经过长期观测认为：这种周期性变化与地球上的大气和冰的季节性变化有关。此外，地球内部物质的运动，如重元素下沉，向地心集中，轻元素上浮，岩浆喷发，等，都会影响地球的自转速度。

地球的公转

除了地球的自转外，地球的公转也不是匀速运动。这是因为地球公转的轨道是一个椭圆，最远点与最近点相差约五百万千米。当地球从远日点向近日点运动时，离太阳越近，受太阳引力的作用越强，速度越快。由近日点到远日点运动时则相反。

还有，地球自转轴与公转轨道并不垂直；地轴也不稳定，而是像一个陀螺在地球轨道面上作圆锥形的旋转。地轴的两端并非始终如一地指向天空中的某一个方向，如北极点，是围绕着这个点不规则地画着圆圈。地轴指向的不规则性，是地球的运动造成的。

科学家还发现，地球运动时，地轴向天空画的圆圈并不规整。这就是说地轴在天空上的点迹根本就不是在圆周上移动的，而是在圆周内外进行周期性的摆动，摆幅为 $9''$。

由此可以看出，地球的公转和自转是许多复杂运动的组合。

地球还随太阳系一道在银河系中运动，并随着银河系在宇宙中飞驰。地球在宇宙中运动不息，这种奔波可能自它形成时便开始了。

就拿现在地球在太阳系中的运动而言，其加速或减速都离不开太阳、月亮及太阳系其他行星的引力。人们一定会问，地球最初是如何运动起来的呢？存在着所谓第一推动力吗？未来将如何运动下去呢？其自转速度会一直变慢吗？

地球运动的第一推动力至今还只是一种推断。牛顿在总结发现的三大运动定律和万有引力定律之后，曾尽其后半生精力来探索、研究第一推动力。他的研究结论是：上帝设计并塑造了这完美的宇宙运动机制，且给予了第一次动力，使它们运动起来。对此，现代科学给予的回答是否定的。那么，地球乃至整个宇宙的运动之谜的谜底究竟是什么呢？

地球内部的秘密

今天，探测器可以遨游太阳系的外层空间，但对人类脚下的地球内部却鞭长莫及。目前世界上最深的钻孔也不过 12 千米，连地壳都没有穿透。

地壳

科学家只能通过研究地震波、地磁波和火山爆发来揭示地球内部的秘密。人们一般认为地球内部有四个同心球层：内核、外核、地幔和地壳。

地壳实际上是由多组断裂的、大小不等的块体组成的，厚度并不均匀。大陆地壳平均厚度约为三十多千米，海洋地壳仅为 5 千米—8 千米。地壳上层为花岗岩层，下层为玄武岩层。理论上认为地壳内的温度和压力随深度的增加而增加，每深入 100 米温度就会升高 1℃。近年的钻探结果则表明，在深达 3 000 米以上时，每深入 100 米温度就会升高 2.5℃，到距地表 11 千米深处时温度已达 200℃。

目前，人们所知的地壳岩石年龄绝大多数少于二十多亿年，即使是最古老的石头——丹麦格陵兰的岩石也只有 39 亿年；而天文学家考证，地球大约有 46 亿年的历史，这说明地球地壳层的岩石并非地球的原始壳层，而是后来由地球内部的物质通过火山活动和造山活动构成的。

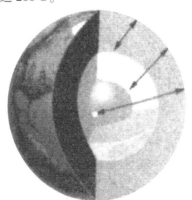

地幔及地核

地幔厚度约 2 900 千米，主要由致密的造岩物质构成，是地球的主体。放射元素大量集中在此，将岩石熔化，故此层可能是岩浆的发源地。

地核的平均厚度约 3 400 千米。外核呈液态，可流动；内核是固态的，主要由铁、镍等金属元素构成。其中心密度为 13 克/立方厘米，温度最高可达 540℃左右，压力最大可达 370 万个大气压。

地球的年龄

我们居住的地球，自诞生以来，已有 46 亿年的历史了。在这漫长的岁月中，地球不断发展变化，逐步形成了今天的样貌。

开启生命之门

如果把地球 46 亿年的演化史比作一天的话，人类的出现则只有半分钟，这时，我们会看到一幅十分奇异的演变图景。

在一昼夜的最初子夜时分，地球形成。12 小时以后，在古老的大洋底部最原始的细胞开始活动。16 时 48 分，原始的细胞体发育成软体动物、海绵动物和藻类，然后出现了鱼类。21 时 36 分，恐龙王朝到来。23 时 20 分，鳞甲目动物全部绝迹，地球成为哺乳动物的天下。一直到 23 时 59 分 30 秒时，才出现最早的猿人。人类从原始蒙昧进入现代，在这一昼夜中只有 1/4 秒。

由此可以看出，我们对地球的了解是极其有限的。

逐渐变热的地球

不仅地球表面的气温在明显升高，而且地核的温度也在大幅度上升。

美国科学家通过金刚石和钻枪模拟地核压力的实验，得出结论：地核温度为 6 880℃，比太阳表面的温度还要高。同时，实验表明：大陆漂移的动力热源也来自地核，而不是以前认为的地幔。

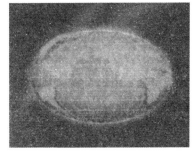

◆ 沸腾的地幔

新计算出的地核温度，让人们意识到地幔和地核之间就像有一个压力锅一样，绝大部分的地核热量不能释放出来，但少量热气可以溢出通道，地幔便慢慢沸腾起来，整个地幔都将处于对流的状态中。

地球的未来

　　日本东京技术学院的一项研究称：地球的海洋将会在10亿年后完全干涸，地球表面的所有生物将会消失，地球的命运将同火星一样。

▶ 科研报告

　　这项研究的负责人、东京技术学院地球及自然科学教授村山成德在研究报告中指出，海洋与大陆板块正逐步下沉进入地幔处。地幔是地壳中的疏松岩层，位于地球高热核心（地核）的外层。他说："根据目前水分消失速度加快的情况来看，地球表面的水大约将在今后10亿年内消失殆尽。"

　　村山说，这项研究报告以测量地表下温度的实验及24项计算沉积岩生成时间的学术工作为基础。他指出，地表下11千米深的岩浆因地心逐渐冷却而降温收缩，每年把超过几亿吨的水抽进地壳，但只有2.3亿吨水被重新释放出来。

同时，报告还指出，从 7.5 亿年前开始，大量海水从外围流向地幔，导致今天大陆露出水面，这样就可以为大部分大陆为何在 7.5 亿年前都沉睡于海底带来了新的观点。

生命的尽头

如果上述理论正确，那么也就进一步解释了那段时期大气中氧的含量大大增加的原因。在石头上生活的制氧浮游生物，因大陆露出水面而暴露在空气中，释放出大量氧气进入大气层，而充足的氧气则逐渐孕育出不同的生命形态。

然而，地球表面的水量从那时起便不断减少，这种情况同时意味着这个星球上的生物最终将成为历史。

柳暗花明又一村

村山认为，在拥有水源的星球上生存的生命体，都将不可避免地重复历史——在水分完全消失后走向"灭绝"。他表示，这种情况早已在火星上发生过。科学家们估计火星上曾有河流流动，但一直未能弄清水源为何消失。

不过，地球终会干涸的"预言"绝不说明人类将面临所谓的"世界末日"。首先，10 亿年实在是太漫长了，漫长得令当今世人无法想象；其次，以地球人类的高度智慧，相对于 10 亿年而言，人类弹指一挥间就能在地球以外找到或创造新的定居点，目前人类所掌握的空间技术就已经描绘了这一蓝图。所以，如果真有那么一天，地球不再适合人类生存，人类恐怕早已在别的地方进化和繁衍生息了。

星际放逐者

有一些天文学家相信，在遥远的宇宙边缘，存在着一些不为人知的、与地球环境相似的行星，它们被称为"失落的世界"。

■ 被放逐者

科学家们认为，这些行星在太阳系形成的初期被摒出太阳系，从而成为宇宙中的"游魂野鬼"。那里气候适宜而且具有足够的湿度，足以孕育生命。美国行星科学家史蒂文森表示，尽管这些地球的"孪生兄弟"虽然没有像太阳那样的恒星为它们提供热力，但它们的表面很可能有厚厚的氢气层，氢气层中蕴藏着由行星天然放射作用所发出的热量，并使这些微热得以长期保存。

史蒂文森说，这些"被放逐者"在太阳系形成过程中所获取的热量，即使经过几百亿年也不会消失。

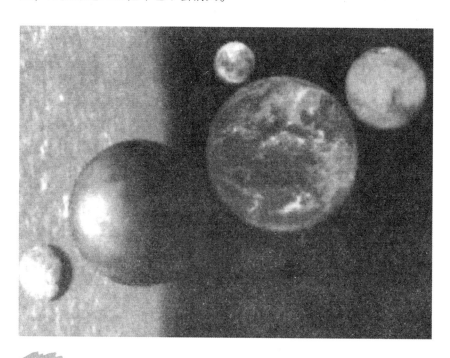

理论体系的推演

科学家们的这一新发现并不是简单的推想，而是具有一套完整的理论体系。早在数十年前，天文学家们就认为星际空间存在"被放逐"的天体，这些天体是太阳系诞生时的"副产品"。

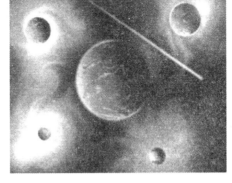

在太阳系的形成时期，与地球质量大致相同的天体被认为有两种发展方向：一是撞出像木星那样的大行星；二是被更大的行星的万有引力拉入太空。

史蒂文森关注的是那些被大行星的万有引力拉入太空的天体，这些天体是在数百万年前被摒出太阳系的，也就是在大约45亿年前太阳系形成之后。因为在太阳系形成过程中的那一阶段，太空中很可能充满了氢。因此，被释放的行星就可能被氢气包围，从而使它们能保留大致与地表相同的温度，甚至还存在海洋。如果没有阳光，像地球这样的行星内部的放射活动只会使温度上升到绝对零度之上一点点，但是厚厚的氢气层却能防止内热逃逸，从而使"被放逐"的行星保持温暖舒适。

孕育生命的世界

液态的水被认为是与地球生命类似的生物存在所应具备的条件，但不是绝对条件。史蒂文森说，那些"被放逐"天体上面也可能有火山及闪电，从而使其表面温度可以支持生命，并维持生命长久存在。此外，在这些行星的大气层中，除氢以外还很可能含有甲烷和阿摩尼亚。这一切与40亿年前地球开始有生命出现时的环境十分相似。不过，史蒂文森指出，由于这些星球获得的能量只相当于地球的1/5 000，因此就算有生物存在，它们也会处于较为低等的状态。

史蒂文森是这样描绘它们的："那里并不完全是冰冷黑暗的世界，频繁的火山爆发所喷出的红色岩浆使整个大地呈暗红色；而天空中则布满红云，在这里可能看不到美丽的星空。"

史蒂文森的理论问世后，引起了极大的争议，因为他的论点目前基本上不能得到证实。那些遥远的孤星如果存在的话，也只能发出极少的放射热能或无线电波。以目前的技术而言，地球上的科学家根本无法观测到它们。

遍体鳞伤的地球

　　尽管地球上大多数的冲击坑都被自然之手抹平了，或者被海水吞没了，但科学家们还是发现了一百二十多个地球上幸存下来的冲击坑，而且现在有新的冲击坑不断被发现。

◆ 亚利桑那陨石坑

　　1905 年美国工程师、企业家巴林格首先确认这是一个陨石坑，所以，该坑又名"巴林格陨石坑"。它不仅大，而且非常奇特，是当地旅游观光的好去处。坑的直径约 1 200 米，深约 180 米，边缘高 30 米—40 米，接近四方体。如此巨大的陨石坑，如果绕周边走一圈，至少也得花好几个小时。据说，造成巴林格陨石坑的是"大铁块"，估计直径达 60 米，质量约 100 万吨，在 20 000 万年以前以约 20 千米/秒的速度冲击地球，并发生特大爆炸，从而给地球留下了至今难愈的"创伤"。

◆ 南非的维列德福盆地

　　维列德福盆地在南纬 27° 附近，直径达 70 千米，调查结果表明它大约形成于 3 亿年以前。

◆ 澳大利亚中部的亨伯里陨石坑群

　　澳大利亚中部气候干旱，亨伯里地区人烟稀少，谁又能想到这里竟然保存着 13 个坑穴，而其中最大的一个呈卵圆形，最长直径 220 米，深 12 米。亨伯里陨石坑的发现，是由 1930 年 11 月 25 日一场流星雨引出来的。

◆ 加拿大魁北克省的环形湖

　　考古学家在 20 世纪 20 年代末，确定该湖是一个陨石坑，它的直径为 110 米，深 22 米。在湖周围 0.75 千米范围内，还发现了至少 6 个陨石坑。萨莱马岛位于波罗的海东侧，面积为 2 600 多平方千米。在不大的小岛上有陨石坑群，也是很难得的。而造成该岛陨石坑群的流星雨爆发在大约 3 500 年前。

最初，一架美国飞机在魁北克省的昂加瓦地区发现了一个特别圆的小湖，后来经查明是一个陨石坑。它的直径比亚利桑那陨石坑大 3 倍，最大深度超过 500 米，据估计，陨石坑的年龄不到 2 亿年。

我国也陆续发现了一些陨石坑。内蒙古与河北交界处的多伦陨石坑，直径 170 千米。吉林九台县的上河湾陨石坑，直径 30 千米。广州始兴县的陨石坑，直径 3 千米。此外在广东新兴县还发现了内洞陨石坑，该坑直径达 6 千米。

最近也有学者撰文指出四川盆地就是一个巨大的陨石坑；一些科学家还宣称在海底发现陨石坑，并大胆提出地球上的许多海洋盆地，甚至是太平洋、墨西哥湾等，也是陨石撞击形成的。不过这种推想毕竟不太符合观测事实。

无论如何，天体冲撞地球，在地球演化中扮演了不可或缺的角色，这是多数科学家公认并认真思考后得出的结论。

几亿年、几千万年前的灾难性碰撞，虽然离我们太遥远，但发生在我们眼皮底下的碰撞，不能不引起我们的警惕和深思。

地球最危险的敌人

　　木星与彗星的大碰撞已成为历史，留给地球的警示与启迪却发人深省：地球会遇到这种灾难性碰撞吗？可能性有多大？像彗星、流星这样的不安分子到底有多少？它们对地球能构成威胁吗？

　　在这些危险因素中，小行星是不可忽视的角色。

　　1801年元旦，意大利天文学家皮亚齐在火星和木星的轨道之间发现了新行星，从此揭开了人类发现和研究小行星的序幕。从第一颗谷神星、智神星、婚神星、灶神星……整个19世纪就发现了四百多颗小行星；到了20世纪，小行星的发现愈加频繁。到目前为止，天文学家已发现多达5 000颗小行星，其中已测算出运行轨道并编号的近3 000颗。据估计，现代天文望远镜所能观测到的小行星还不到小行星总数的千分之几。

❖ 不安分子

　　小行星为数众多，但体积和质量都很小。最大的谷神星直径只有770千米，不到月球直径的1/4，体积不足地球体积的1/450。1937年发现的赫梅斯小行星，直径不足1 000米，只有泰山的一半高。

　　浩浩荡荡的小行星军团多数都集中在火星和木星轨道之间的小行星带上，越出这个范围的极少；但也有少数"不老实者"，它们沿椭圆轨道运行，远时可以跑到距木星很远的空间，甚至跨过土星轨道之外；近时却大踏步走进地球轨道的里侧，甚至深入到金星轨道之内，变成"近

地小行星"，成为太阳家族的不安定分子，这对地球来说就很可能是潜在"杀手"。

　　根据专家的看法，直径大于1 000米的小行星以及超过600米的彗星，原则上都有可能成为地球的潜在敌人。据计算，目前宇宙中直径为1 000米的"危险分子"大约有1 200颗—2 000颗，而太阳系中，直径100米的

彗星达 100 万颗，潜在的威胁很大。

那么近地小行星与地球碰撞的概率如何呢？各方面估计不尽相同，出入也很大。有人估计，平均几十万年或几千万年才发生一次，这对地球 46 亿多年的漫长岁月而言，可以用"司空见惯"来形容了。

——每年都发生的可能性为五十万分之一。

——今后 100 年的可能性为十万分之一。

——人的一生中的可能性为二十万分之一。

彗星与木星碰撞的概率为每 1 000 万年—8 000 万年有一次。

天文学家的预测

日本科学家吉川真通过分析得出结论：直径为 1 000 米以上的小行星撞击地球的概率为 12 万年一次。在今后的 2 000 年内，将会有五六个小行星处于和地球较为接近的状态，最近时距离仅为 15 万千米，约为月地距离的一半。

所以，天地冲撞也许并不是危言耸听，这已引起天文学家和公众的关注。

目前，从这一角度看，一旦小天体突袭地球，人类应抢先预报，测算轨道。对此，中国天文学家预测：未来 100 年之内，地球可平安无事。北京天文台研究员李启斌和同事研究认为，21 世纪会有小行星三度"接近"地球：第一次是编号 4179 的小行星于 2004 年 9 月 29 日在距地球 150 万千米处擦肩而过；第二次是在 2069 年编号 2340 的小行星会在距地球 100 万千米处与地球照上一面；然后又于 2086 年重新来到距地球 105 万千米—110 万千米的地方拜会。

总之，现代的地球人不会坐以待毙，人类有能力保护自己的家园。

地球内部之谜

　　想要了解地球内部的情况，最好的办法就是钻到地球里头看一看。目前为止，人们还没有能力自由自在地钻到地球中心去活动。

▶ 火山爆发

　　当然，人们也不是对地球一无所知。因为地球每时每刻都在活动，人们运用已经掌握的知识，对许多来自地下深处的信息进行分析判断，从而推测出地下大概的情形。

　　火山爆发告诉人们，地下有炽热的岩浆。人们还根据火山爆发喷出的岩浆把地下的岩浆分成含硅酸盐比较多的酸性岩浆和含硅酸盐比较少的碱性岩浆。但是，岩浆来自于地下并不是很深的地方，最深处也不过几十到几百千米。要想知道地下更深处是什么，还要用其他的方法。

　　于是科学家们又找到了解地下情况的另一种信息来源——地震。

▶ 地震波的传播

　　地球上一年内很多地方都要发生等级不同的地震。地震时产生的地

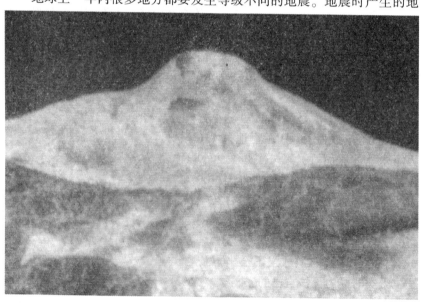

震波可以在地下传播很远。地震波在地下传播时，传播速度与地层深度有一定关系。人们发现，地球内部有两个引起地震波变化的深度。一个在地下 33 千米处，另一个在地下 2 900 千米处。在地下 33 千米处时，地震波传播速度突然加快，到地下 2 900 千米处时，地震波速度突然下降。

为什么地震波传播速度会发生变化呢？原来，地震波传播速度的快慢与地球内部的物质状态有关。如果是在固态物质中传播，速度就慢些；如果在液态物质中传播，速度就快些。据此，科学家判断，在地表 33 千米以内，一定是固态的物质，科学家称这一层为"地壳"。由 33 千米到 2 900 千米的地震波速度与在地壳内的传播速度相比明显加快。科学家称这一层为"地幔"。当地震波传到地下 2 900 千米以下，一直到地心，地震波再次减慢。于是科学家推测，这一部分可能又变成了固态物质，科学家把它称为"地核"。就这样，地球被划分出地壳、地幔、地核三个圈层。

■ 地球内部的组成元素

还有一个很重要的问题，那就是地球内部都是由什么元素组成的呢？

今天，人们在地球上已经发现有一百多种元素。实际上，这些元素在地球上并不是平均存在的。以地壳（地壳研究得比较清楚）为例，氧、硅、铝、铁、钙、钠、钾、镁、氢、钛这 10 种元素占去了地壳元

素总含量的99%以上。其余的89种元素的含量加起来也不足1%。在所有元素中氧元素的含量最多，约占地壳元素总量的1/2。其次是硅，占地壳元素含量的1/4左右。再次是铝，占地壳元素含量的1/13。这三种元素占去了地壳总量的80%。

那么，地壳以下都是由什么元素组成的呢？科学家这样推断：在地幔层，氧和硅的含量会相对有所减少，铁与镁的成分有所增加。在地核部分，据推测铁与镍会有明显增加，所以有人把地核又叫作"铁镍核心"。

这些说法都尚在推测阶段，还有待进一步的考证研究。

地球曾经有过光环吗

17世纪，科学家伽利略首先从天文望远镜里看到土星周围闪耀着一条明亮的光环。所以人们长期以来一直认为土星是太阳系中唯一带有光环的行星。

天文学家发现天王星也有光环

1977年3月10日，美国、中国、澳大利亚、印度、南非等国的航天飞行器，在观测天王星掩蔽恒星的天文现象时发现了奇观。他们看到天王星上也有一条闪亮的光环。

地球有光环的设想

太阳系其他行星上相继发现光环以后，人们开始思考作为太阳系八大行星之一的地球，是不是也有光环呢？

随着太阳系中其他大行星光环的相继发现，科学家们首先提出了"地球上曾经有过光环"的大胆设想。他们认为地球和其他行星一样，同在太阳系中绕太阳运转，也具备产生光环的条件。这些科学家在地球上

找到了许多地外物质，他们推测这些物质可能就是地球光环的"遗骸"。

■ 地球光环推想

　　美国有一位叫奥基夫的天文学家，他推测，在6000万年前的始新世，大量的玻璃陨石碎块由于月球上的火山喷发而被抛到地球上，其中一部分变成陨石雨降落到地球表面，另一部分则进入地球外层形成了光环。奥基夫还推测，在那个时代，光环形成于赤道上空，它在地球上投下了淡薄的阴影。据估算，这个阴影遮蔽了地球1/3的阳光，使得被遮蔽的地方冬天变得更冷。当时的北半球，夏季太阳的直射点位于赤道以北，这时赤道上空的光环影子正投向处于冬季的南半球，南半球的气温因而大大降低。而此时正处于夏季的北半球没有光环的影子，所以北半球气温正常。当北半球进入冬季以后，光环的影子也随着移过来，从而使北半球气温降低而变得更冷。这种假说较为合理地解答了6 000万年前地质时代的气候问题，解释了当时地球上冬天气温异常寒冷，而到夏天气温又较正常的奇怪现象。

　　奥基夫又解释了地球上光环消失的原因，他推断光环是被阳光"吹"掉了。他认为，太阳的光线可能像一股股涓涓细流，打在什么东西上就对什么东西产生压力。在没有摩擦力的空间环境里，它在几百万年的时间里，足以把光环里的粒子吹离地球的轨道。

生物突然大灭绝

2.5亿年前，地球上经历了一个独一无二的物种灭绝时期，绝大多数物种在相对较短的一段时间内灭绝了。

▶ 灾难性灭绝

《科学》杂志曾经发表文章认为这次大灭绝不是逐渐灭绝，而是一次突然爆发的灾难性事件的结果。

据介绍，由于缺乏地层化石记录，2.5亿年前生物大灭绝的原因曾被认为是长期海平面下降引起持续性环境恶化，导致生物加速消亡。

▶ 物种迅速灭绝

那次物种大灭绝发生在2.5亿年前，也被称为"二叠纪—三叠纪大灭绝"，因为它发生在地理上二叠纪时期的末代和三叠纪时期的开始。当时，地球上90%以上的海洋动植物以及70%的陆地物种惨遭灭绝。

科学家们分析指出，他们研究的大多数物种大约在2.51亿年前从

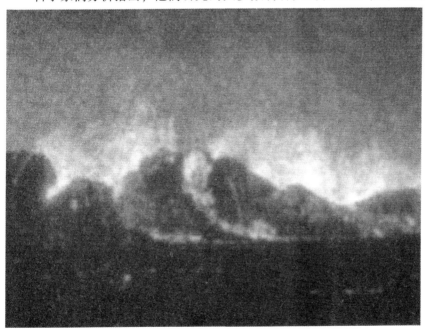

化石记录中消失，这个时期恰是二叠纪—三叠纪的交界时期。这些岩层表明，在二叠纪—三叠纪交界时期之前，33%的物种灭绝，而在交界时，物种灭绝率高达94%。这种令人惊异的灭绝率的上升是突然出现的，是在仅仅50万年内发生的。

大灭绝的原因

科学家们认为，大灭绝是单独的、突然出现的，而不是几个一连串更小形式的灭绝。大多数物种是在大约2.51亿年前灭绝的，而少数幸存下来的生物在之后的100年内也消失了。

科学家推断，这次生物大灭绝，很可能是由超大规模火山喷发、地外物体撞击等突发性因素引起的。这与6 500万年前恐龙灭绝事件有很多相似之处。

生物大复兴

当大多数研究者还在调查大灭绝的神秘原因时，一些科学家的兴趣已经转移到这之后发生的事情上去了，即后来的生物大复兴。

他们想用研究大灭绝得到的信息来搞清楚这场大灾难之后，生命是如何重新兴旺起来的，从而探索出那些幸存下来的动植物所具有的特点和生命反弹的时间和形式。他们认为，了解大灭绝之后再复兴的原因，对于研究生命的发展历程可能比了解灾难本身更重要。

他们说："生命从最初形态发展进化到今天，物种大灭绝是一种最基本的变化。今天的生物，都是基于那些2.5亿年前灭绝的生物上发展起来的。"

地球变冷

我国科学家根据一种生活在海洋中的硅质浮游生物——放射虫留下的"蛛丝马迹"研究证实，90万年前地球气候曾经存在突然变冷的"中更新世革命"。

地球曾经变冷

20世纪90年代初，德国科学家根据位于赤道地区的太平洋海底沉积物中有孔虫氧同位素的记录研究认为，地球气候在90万年前突然变冷，科学家将这一事件称为"中更新世革命"。由于该观点与传统的地球气候理论测算值并不吻合，因此一直存有争议。

我国科学家用了五年时间对中国南海南部海底沉积物中放射虫的记录进行了深入分析研究，结果发现90万年以来，海洋中的放射虫数量大增，放射虫的种类也从热带组合占优势转变成亚热带组合占优势。

同济大学海洋地质教育部重点实验室副教授王汝建长期从事这一课题的研究，他解释说，这证明了90万年前全球气候突然变冷，季风加强，引起海洋的上升流将海底的营养带到了海洋表层，从而使放射虫数量急剧增加。

放射虫5亿年前就已经在海洋中生存了，它们对外界气候反应极为灵敏，由于其主要成分是硅质，容易保存在海底沉积物中，因此千百万年来，这种五颜六色呈放射状的、肉眼几乎难以辨别的美丽小虫不断死亡，不断沉积下来，把地球气候每一个阶段的变化都完整地记录下来。

权威专家指出，放射虫的研究首次印证了中国南海南部同样也存在"中更新世革命"。这对研究中国南海的古气候及季风的演变具有重要价值。

地球上的生命是宇宙送来的种子

1974 年美国加利福尼亚州的索尔克科学研究所诺贝尔奖获得者、科学家弗朗西斯·克里克博士和莱斯里·奥开尔博士提出这样的设想："地球上的生命，是遥远的星球用宇宙飞船特地送来'播种'的；那是别的星球送来的微小的有机物。"

▶ 提出假说

不仅如此，克里克博士和奥开尔博士还在这个设想下，展开研究以求证自己假设的正确性。

克里克博士由于发现作为生命基础的 DNA 构造的功绩于 1962 年被授予了诺贝尔生理学或医学奖。他对揭开生命之谜充满兴趣，还提出了"宇宙胞子"这一新学说。其实，在 1908 年瑞典化学家斯潘第·阿雷尼乌斯就曾提出："有生命的细胞是从在宇宙空间漂泊的行星上掉落下来的，正是这些行星使我们地球上有了生命。"这种观点由于太缺乏科学依据，一经发表就遭到了学术界的否定。

但是，克里克等两位博士却这么说："我们使用原子飞船的话，不管怎么远的星球都能够达到，因此完全有可能其他发达的星球通过先进的交通设备把生命的细胞送到地球上来。此外只要把下等的藻和细菌之类的东西保持在 0℃ 以下，它们就可以活 100 万年以上。"两位博士的想法不能说只是一种异想天开，地球以外的世界对于人类来说仍是一个未解之谜，也许今天人类认为不可能发生的事情在科学更加发达的时候就被验证或证实，我们等待着那一天的到来。

太古时代地球与月亮很接近

做火箭的原料中有一种叫"钛"的材料，它是一种矿物质。美国地质学教授诺曼·海尔兹通过对这种矿物质研究得出结论：在太古时代，月亮与地球非常接近。

这个发现来自一次偶然的举动。当时海尔兹把矿石的产地标记在一张世界地图上，当把那些地区汇总起来时出现了一条带状图案，那时五大洲四大洋尚未形成，而且这条带状物好像是出于异常的温度和高压被烙印在地球上似的。

根据海尔兹的学说，这是因为月亮曾被吸引进入地球轨道，从而造成了很高的热量和压力。月亮摩擦过地球，摩擦的轨迹就是"钛"矿物质的轨迹。他说，月亮上一定有产生"钛"这种矿物质（现在根据月球考察报告，果然在月球上发现了）的矿物质存在。

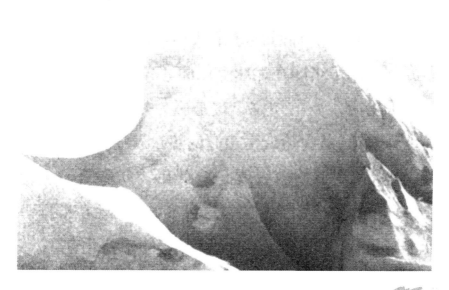

地球受到过陨石撞击吗

最近，英国科学家向政府提交了一份报告，建议政府积极采取预防措施，防止太空的陨石撞击地球。

严峻的现实

英国研究天体运行的科学小组称来自太空陨石的威胁并不是骇人听闻的幻想，而是一项非常现实严肃的科学问题。这项报告是由为几家太空机构和政府研究协会工作的哈里·阿特金森、英国前驻联合国代表克里斯宾·蒂凯尔，以及伦敦学院戴维·威廉姆斯教授联合发表的。这项报告声称要掠过地球的2000RD53小行星与地球的距离是月亮与地球距离的12倍。这颗小行星直径达300米—400米，这颗小行星会以"极近"的距离掠过地球。

陨石的威胁

天文学家预测说，大约会有1 000颗直径在1 000米，或者更大的行星沿着它们的运行轨道掠过地球。

大约6 500万年前，有一颗大约直径10千米的行星撞在地球上，导致了恐龙的灭绝。科学家称，来自太空陨石的威胁对我们来说必须予以认真考虑。

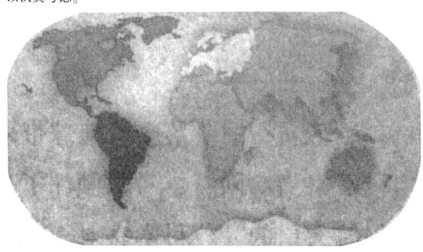

科学家们研究推测，大约每 1 万年就有一颗直径 100 米、相当于百万吨级炸药的太空物体撞向地球。每 10 万年就有一颗直径 1 000 米大小的太空物体撞向地球。如果按上述推理发展下去，如果直径 10 千米的行星撞在地球上导致恐龙灭绝，那么直径 1 000 米大小的太空物体撞向地球，后果也是难以想象的。

■ "一线生机"

尽管陨石的坠落会给地球带来毁灭性的灾难，但科学家们对陨石本身却倾注了高度的研究热情。美国航天局的一位科学家对 30 年前坠落在澳大利亚的一颗陨石进行了研究，发现它里面含有石化微生物。还有科学家使用新的技术在其他陨石中也发现了这种石化的外星生命。

科学家们经过进一步研究认为，这种微生物是能够在极端环境中存活的细菌。

他们由此推断陨石来自的星系可能存在生命。

科学家们采用电子显微镜拍摄的这块陨石的照片表明，这种"外星生命"在结构上与生活在温泉或者南极洲冰面下的微生物相似。

马歇尔航天中心空间生物学小组负责人理查德·胡佛教授说："在默奇森陨石中有大量的微生物化石。如果我们是在地球的岩石中发现这些东西的，那么整个科学界都会认为这无疑就是微生物的化石。我个人认为这是生命起源于陨石的强有力的证据，我们找到了细胞壁的证据，这些微生物与蓝细菌和紫硫磺细菌相似。"

科学界的这些研究表明：小行星撞击地球可能是生命起源的原因，也可能是地球毁灭的原因。究竟是哪种原因，还有待于科学家们进一步去探索研究。

地球的各种现象之谜

　　最近法国科学院发表研究表明"一天"的时间正在缩短，这是为什么呢？这是因为地球自转的速度在加快，所以一天的长度在缩短。科学家研究发现自 1974 年以来，地球上每天都会缩短 0.001 秒。

▶ 缩短的"一天"

　　巴黎国际时间局的科学家马尔丹·梵塞尔和贝尔那·基诺为了开发人造卫星的计划，接受了美国国家航空和航天局和巴桑底那火箭推进研究所的委托，在对地球自转的调查中他们发现了这一科学数据。

　　面对"一天"时间正在缩短这个现象，科学家从不同的角度进行推测。有科学家推测："也许是在 3.2 万米的高空，循环的气流在变化的缘故。"最近太阳的活动开始了活性化现象，大气层也起了变化。

　　每天缩短 0.001 秒，3 年的话，便慢 1 秒以上。如果这样计算几十年、几百年、几千年甚至上万年，那么就一定会有白天黑夜倒置的一天。

▶ 相信"地球是平的"

　　美国现在有个团体，名叫"国际地球平面研究协会"，会长叫查理·约翰逊。他们认为地球像蛋糕一样完全是平的。地球的中心点是在北极，而南极就仿佛蛋糕的边缘一样，竖满了冰壁。对此，人类绝对无法翻越。他们认为地球是静止不动的，太阳跟地球保持同样的高度，围绕着圆板形的地球旋转，忽近忽远，但看上去却是升上沉下。至于当船在地平线上消失，地球看上去是个圆体，那是人们眼睛观察的一种错觉。

他们认为人类首次登上月球，从人造卫星上拍摄到的地球照片是美苏联合搞的阴谋，是他们配合着搞出来的相片。

地球之水来自何处

日本科学家高桥实先生在 1975 年提出的假说引起了学术界高度重视，他认为"地球的水不是原来地球上所有，而是通过引力从冰行星那里夺来的。不过那颗冰行星最近 3 000 年来却一直没有被发现"。

他认为这颗冰行星有一个超长椭圆形的轨道，围绕太阳大概 3 000 年公转一次；在过去的数 10 亿年里，大概有五六次同地球擦肩而过，就在那个时候，它中心核中的数千千米的水，其中一部分被地球吸收到地面上来。

"就是在那一次，全世界出现了大洪水，这也是石炭石油的形成、冰河期和古生物灭绝的原因。诺亚方舟的故事，就是从别的天体上有水移来，出现了人类太古历史的记忆。"

玄妙月球

千百年来，科学家们一直在探寻月球的奥秘。如今人们已成功登陆月球，几代人的梦想终于实现了。但随之而来的种种疑惑和不解困扰着人们，同时也激励着人们不断探索未知的领域。

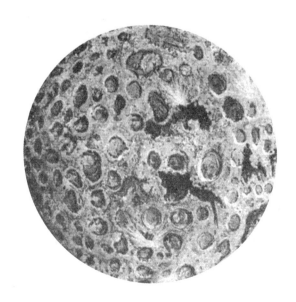

月球的起源

月球是地球唯一的天然卫星。夜空中如果少了它的存在，浩瀚的夜空将显得死气沉沉。那么月球是怎么诞生的呢？

■ 分裂说

"分裂说"认为月球是从地球分裂出去的。在地球历史的早期，地球还处于一种熔融状态，它自转得特别快，每四个小时左右就自转一周。地球顶端部分的物质逐渐隆起，由小而大，越来越大，也越来越高，最后终于被地球抛了出去成为独立于地球之外的物质团。该物质团后来逐步冷却并凝聚成为月球。有人甚至认为，月球从地球分裂出去时在地球上留下的"伤疤"，就是现在的太平洋。

如果按此理论，从地球赤道被抛射出去的物质，由它凝聚成的月球，其绕地球运行的轨道基本上在地球的赤道平面内，相差不会很大；但现在的实际情况则是，月球绕地球运动的轨道平面与地球赤道平面之间相差颇大。

此外，月球如果真的是从地球分裂出去的话，它的化学成分、密度等都应该与地球的一致或差不多，可事实却不是这样。比如，月球上的铝、钙等化学元素比地球上多得多，而镁、铁等则要少得多；地球的平均密度为 5.52 克/立方厘米，月球的平均密度却只有 3.34 克/立方厘米。

■ 俘获说

"俘获说"是关于月球起源的另一种假说，这种学说认为月球原来可能是环绕太阳运行的小行星，由于某种原因，它偶然接近地球，地球的引力"强迫"它脱离原来的轨道，并把它俘获，成为自己的卫星。有人还进一步提出：这次俘获月球事件，大致发生在 35 亿年之前，而且俘获也不是一朝一夕就完成的，全过程经历了约

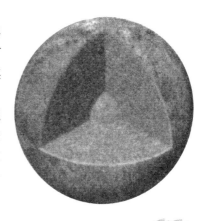

5 亿年的时间。

"俘获说"设想月球原来是太阳系内的一颗小行星，本来有它自己的运行轨道。如果这种假设成立，月球的化学成分与地球的不同，密度有差异，它的公转轨道与地球的赤道平面不一致，这些就都没有什么问题了。

科学家们又指出：一个天体俘获另外一个天体的可能性是有的，只是这种机会实在是太小、太少了。即使发生这种情况，那也应该是一个很大的天体俘获一个比它小得多的天体。地球的质量是月球的 81.3 倍，想要俘获像月球那么大的一个天体，理论上是讲不通的。也就是说，地球的引力是不可能俘获月球那么大的行星的，它至多只能改变一下月球的运行轨道。

▶ 同源说

所谓"同源说"，指的是月球和地球是由同一块原始太阳星云演变而来的，这是关于月球起源的又一种假说。那么，如何解释月球与地球在物质成分、密度等方面的差异呢？

主张"同源说"的人认为：形成月球和地球的物质虽然是在同一个星云中，但两者形成的时间不同，地球在先，月球在后。原始太阳星云演变和发展到一定阶段时，由于尘埃云里面的金属粒子等物质已开始凝集和部分地集中，在地球和其他行星形成时，很自然地积聚了相当数量的铁等金属成分以及一些主要物质。月球的情况则与地球不同，那时，原始太阳星云中的金属成分已大量减少，它只能吸收残留在地球周围的少量金属物质，因而月球主要是由非金属物质凝聚而成。在这种情况下，月球物质密度还不到地球的 2/3，那是理所当然的。

▶ 宇宙飞船说

第四种假说是"宇宙飞船说"。这是由苏联两位科学家瓦西里和谢尔巴科夫于 1957 年提出来的。该学说的提出远远早于首次"阿波罗"号载人登月。他们认为，月球是宇宙中某个角落中的一颗小天体，被外星人改造后，操纵着它来到地球身边，利用地球的引力再加上月球的人为原动力而固定在现有的轨道上。但为什么外星人将月球进行改造后又送到地球身旁，他们有什么目的吗？对此，两位科学家并未详细说明。

后来的 UFO 研究者指出，外星人将月球弄到地球身边是为了控制地球不变轨，以保证太阳系的相对稳定。

月球的各种奇异特性、奇特的天文参数、空心且坚硬的外壳、月海金属，以及古老岩山和后来"阿波罗"号载人登月所探得的各种结果，都否定了前三种假说，而有利于第四种假说。尽管第四种假说初听有点像天方夜谭，然而，科学的发现和认识是无穷尽的，宇宙奥妙也是高深莫测的，不能因为我们眼光的狭窄和认识上的肤浅、无知，就将科学真理视为迷信或邪说。"地心说"和"日心说"的较量不就是最有力的证明吗？月球确实是一个神秘的世界，它上面的 UFO 现象和奇特的表现，给科学家们出了一道难解的谜题。这正如著名法国作家维克多·雨果曾描绘过的一样——"月球是梦的王国，幻想的王国"。

对科学家们来说，月球当然也是一个充满梦幻的世界。科学家们推测，月球不仅是开启地球以及众多宇宙之谜的钥匙，也是开启太阳系起源之谜大门的钥匙。直到今天，我们对月球的认识在天文学上仍无明显的进展，相反却使科学家们陷入了更深的困惑之中。的确，比起实施"阿波罗计划"，无论是月球的起源、月球的自然环境，还是其构成，都一一纵横交织在科学家们面前，像难理的乱麻毫无头绪。随着人类知识的进步，相信月球的身份会逐渐明朗起来。

月 相

　　月相是从地球上看到的月球发亮部分的形状。随着月球每天在夜空中自西向东移动的一段距离，它发亮部分的形状也在不断变化着。

🔳 月球变化着的相貌

　　月球本身不发光，所以在太阳光照射下，向着太阳的半个球面是亮区，另半个球面是暗区。随着月球相对于地球和太阳的位置变化，使它被太阳照亮的一面有时对向地球，有时背向地球；有时对向地球的月球部分大一些，有时小一些，这样就出现了不同的月相。

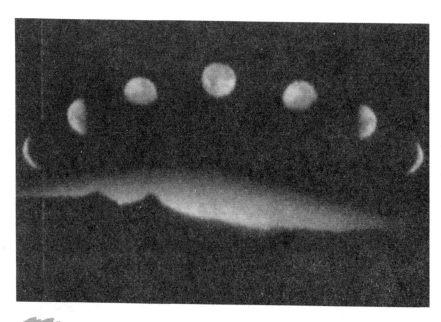

月 食

　　月食是一种较为常见的天象。地球在背着太阳的方向会出现一条阴影，称为地影。地影分为本影和半影两部分。月食的产生就与地影有关。

▶ 月球躲进地影里

　　本影是指没有受到太阳光直射的地方，而半影则是只受到部分太阳光直射的地方。月球在环绕地球运行过程中有时会进入地影，这就产生了月食现象。当月球整个都进入本影时，就会发生月全食；如果只是一部分进入本影，则只会发生月偏食。在月全食时，太阳光受地球大气层的折射投射到月面上，令月面呈红铜色。

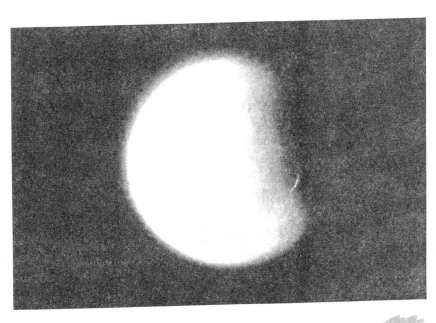

上弦月

上弦月是月相之一，又叫上半弦月。月球有盈亏变化，其变化的原理其实很简单。

▶ 每月初七时月相

上半弦月发生时，太阳的光线照在月球的半球面，正好与月球面对地球的半球面互相垂直，所以地球上的人们实际看到的月球只是半弦月。上弦月一般出现在每月阴历初七左右，与之相对的下弦月则出现在每月阴历的二十二左右。出现上弦月时，月球在黄昏时从东方出现，到午夜时会从西方下沉消失。

月球与潮汐

地球与月球之间的引力场会形成一些有趣的现象。而最显而易见的便是潮汐现象。

月球给地球的作用力

月球正对地球一点的引力最大，对地球反面一点引力则相对弱一些。地球，特别是地球上的海洋部分并不是完全固定的，而是朝月球方向略有延伸。如果以地球表面为透视角观察的话，会看到地球表面的两个膨胀点，一个正对月球，另一个则正对其反面。这种效果对海洋的影响比对固态地壳强烈得多，所以海洋处膨胀得更高。另外，因为地球自转比月球公转速度快，每天膨胀一次，所以每天的大潮一共有两次。

月球车

月球车，又叫作月球机器人，是对月球进行考察、分析、取样的专用车辆，分为无人遥控和有人驾驶两种，一般装有遥测系统、电视摄像系统等，主要用途是帮助人类探测月球表面。

月面探测的有力助手

1970年11月17日，苏联研制的无人驾驶月球车1号由月球17号探测器送上月球表面，这是航天史上第一辆月球车。早在神舟5号发射成功前，我国就已经在进行月球车的研制，我国研究的重点主要是在制造无人遥控月球车上面。

人造月球

所谓的人造月球，又叫太空反射镜，是利用反射的阳光，对地球某些特定的区域进行补光的人造小天体。

无污染的光明使者

最早实施这一计划的是俄罗斯天文工作者，他们试图解决俄罗斯高纬度地区的照明问题。此外，太空反射镜还可以用来照亮发生地震或洪水等自然灾害的地区，使救援工作在夜间也能进行。人造月球为人类带来光明的同时，还不会产生二氧化碳之类的污染物，所以它称得上是一种环保型能源，但到现在还没有试验成功。日本也正在积极地开展该项计划。

月球表面

　　站在地球上看月球，我们看到的是一个温柔、洁白的世界。然而，宇航员踏上月球后，看到的却完全不同，映入他们眼帘的，是那些奇妙的月面岩石 。月面岩石能够给我们带来诸如月球的年龄、月球的成因等信息，通过对月面岩石的分析，还可以破解困扰我们的诸多谜团。

■ 远方来的疑问

　　事实上，宇航员从月球带回的岩石，为我们提供的完全是一些不可思议的物质。我们对月球的疑问非但没有通过对岩石的研究得到解决，反而使疑问增多了。美国加利福尼亚州科学技术协会的尤金·希麦卡博士是美国国家航空和航天局与"阿波罗计划"有关的地质学问题的首席发言人，他无可奈何地承认："通过分析月面岩石，新增加的疑问比能回答的疑问多了几十倍。"

　　据研究，月面岩石是由地球科学家和宇航材料研究者们梦寐以求的航天金属构成的，主要成分由钛、铬等耐高温、高强度，并具有极高防蚀性的金属构成，它们都是地球科学家建造宇宙飞船的首选。两位前苏联科学家在分析月岩成分后宣布："构成月面岩石成分的金属具有惊人的耐高温、抗冲击性，在地球上可以用这种岩石作为电炉的炉衬。"当然，人类绝不会将这些月岩标本制成电炉炉衬出售，因为没有人能买得起。

　　宇航员最初从月球上带回地球的是月面静海的岩石标本。科学家们

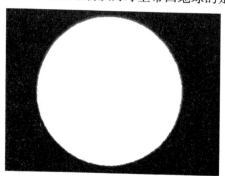

对其分析后确信，它们是由熔岩凝固而成，由高强度的耐高温的钛类成分组成。而熔解这些金属合金岩石必须要超高温——至少需要 4 000℃以上的高温，否则无法奏效。对于月面达到如此高的温度的问题，科学家们始终无法作出合理的

解释。

　　月面岩石成分分析表明，月球岩石标本（只是随意取回的几块）所含钛金属的量是地球上最优质钛矿岩石含量的 10 倍，而且它们不仅含钛，还含有大量同样耐高温、耐腐蚀，对地球人来说非常稀有的金属——锆、钇、铍等，而这些金属是人类已知的强度最高、最耐高温的金属。美国《科学》杂志载文说："在月球岩石中钛、锆等金属的含量极其丰富，这是地球岩石望尘莫及的，说它在宇宙中首屈一指恐怕也不过分。"

古老的月球岩石

有的专家坚持认为月球岩石只有 46 亿年的历史，与地球年龄不相上下，但还有一些科学家认为事实并非如此。

◗ 寻找证据

有一些天文学专家、天体物理学专家认为月球岩石的年龄远远大于地球，这就间接地证明了月球不是起源于地球，也不是和地球同期的太阳系内的产物。二者结论相悖，再次引起了人们激烈的争论。

说明月球事实上比地球古老很多且来自遥远的宇宙空间的证据有如下几个方面：

1. 有人认为月球岩石的年龄在 70 亿年至 200 亿年之间。

2. 美国 NASA 曾宣布过月球上确实存在比太阳系和地球古老 10 亿年—53 亿年的岩石。

3. 一位获得过诺贝尔奖，同时又是研究月球的权威科学家提出，在月球上发现的某种元素比地球上的古老得多，可他无法解释这种元素是怎样来到月球的。

4. 研究月球的专家说，年龄介于 44 亿年—46 亿年的月球岩石是"月球上最年轻的岩石"。

5. 科学家们根据在月球岩石标本中发现的大量的氩 40，推测出月球年龄比太阳和地球的年龄大 1 倍，约为 70 亿年。

6. 月面上的沙砾比月面岩石显然古老 10 亿年。

当宇航员将第一批月球岩石标本带回地球供科学家们研究分析时，他们根本没有想到，月球不但比地球古老，而且比太阳系更古老。阿尔·尤贝尔说："与月球有关的物体古老而又古老……科学家们曾推测月球'当然'不会太古老，所以当面对一个如此古老的天体时，他们显然没有充分的思想准备。"

月球岩石

从月球带回的99%的月球岩石都比地球上最古老的岩石历史更悠久。有的科学家认为，在这些月球岩石中有的比太阳还古老。第一位降落在月面静海的宇航员阿姆斯特朗信手捡到的月面岩石的历史都在36亿年以上。要知道迄今为止科学家们在地球上发现的最古老的岩石也只是35亿年前的石头，这种岩石是在非洲岩缝中发现的。此后科学家们又在格陵兰岛上发现了更古老的一些岩石。这种岩石可能与月面静海的岩石一样古老，是36亿年前的东西。但是历史悠久的月球岩石的发现还仅仅是研究月球历史的开始，在宇航员从月面带回的岩石中，有的是43亿年前形成的，甚至还有45亿年前形成的。"阿波罗11号"带回的月面土壤标本表明其历史已长达46亿年，而46亿年前正是太阳系形成的时候。不可思议的是，这种月球土壤显然比它周围的岩石还要"年长"1亿年。

科学家们相信月海是月球最新形成的区域，那么月球的年龄当然比月海要古老。用科学记者理查德·路易斯的话来说就是："在地球上认为是最古老的岩石，在月球上却是新的类型。"这不能不令人吃惊。

苏联的无人月球探测器也获得了与此相同的结论。根据对从月海带回月球岩石的分析结果得出的结论，它至少与太阳一样古老，是在46亿年前形成的。

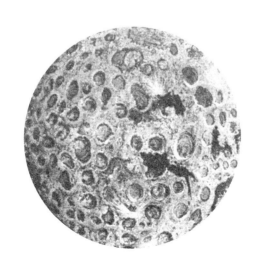

月球上的陨石年龄考究

陨石是星系形成的年代标本，是正确判断太阳系诞生时间的关键证明。

◾ 古老的陨石

对这个问题一位叫理查德·路易斯的科学家分析说："陨石就是太阳系的'方尖碑'，它们的年龄是 46 亿年，是由一些极其原始的成分构成的，据悉是太阳系尚处在宇宙尘埃状态时凝聚而成的。"如果在月球上发现了更古老的陨石，就能证明月球曾经在太阳系以外存在过。

毫无疑问，月球似乎在向我们表明，它原来并不是我们太阳系家族的成员。美国 NASA 几乎所有的科学家都固执地否认月球比地球和陨石（更不用说太阳系了）的历史更久远。即使我们把更多的资料和证据摆到他们面前，有的科学家还是固执地坚持自己"正统"的观点。他们是出于什么原因呢？人们不得其解。不过如果这些证据显示了另外的含意，即证实"月球—宇宙飞船"假说，那也是自然的事，并不在于是否有人能够接受。

美国在实施"登月计划"的初期，NASA 的科学家们曾说过，月球的年龄是 46 亿年，与太阳系的年龄大致相当，但是也许比地球要古老。哈洛德·尤里博士也说过："无论我们如何强调月球年龄是 46 亿年，这都只不过是推测，还没有任何确凿的证据。"尤里博士是一位得出"根据确凿的证据，月球比我们的地球乃至太阳系都更为古老"这一结论的月球研究专家。直至今日，美国 NASA 都没有接受这种观点，因为他们还固执地坚持46 亿年的"定论"，这里的奥妙值得人们深思。

了解我们的卫星——月球

从地球上看，太阳和月亮几乎一样大，它们都是显著的天体。太阳是白天的主角，金光灿烂；月亮是夜晚的明星，明亮皎洁。因此，古人曾长期把太阳和月亮相提并论，即日月同辉。

■ 地球的近邻

现在我们知道月球无论从哪方面都无法与太阳平起平坐。日月并提只因月球是离地球最近的天体。

月球距地球384 402千米，如果坐波音飞机飞到月球，要连续飞12天左右，这种距离在太阳系里简直可以说是近在咫尺，太阳距地球有1.5亿千米。

月球离地球近，看起来大小和太阳差不多，月球在卫星世界中，其大小还能占据一席之地。在太阳系的这些卫星中，它们明显地分为两大类。66颗卫星中，有7颗称得上是大卫星，直径在3 000千米—6000千米，可与大行星之一的水星媲美。另外的卫星直径大多在1 000千米以下，有的直径只有几十千米，被戏称为"飞行的大山"。

在7颗大卫星中，月球位居第五，仅次于土卫六5 150千米、木卫三5 262千米、木卫四4 800千米、木卫一3 972千米，月球直径为

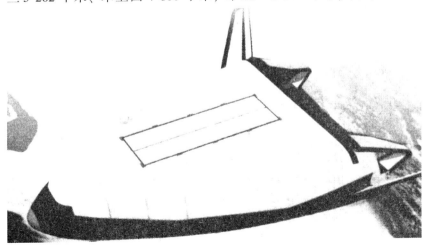

3 476千米，是地球的 1/4，是太阳的 1/400。

现在，直径只有太阳 1/400 的月球，距离地球比太阳近 390 倍，因此，太阳看起来和月球一般大。

月球本身不发光，夜晚的"明亮"效果是反射太阳光的结果。月面的真实颜色是灰黑色，月面吸收了 93% 的太阳光，反射率仅 7%，但其亮度可与白天的太阳交相辉映，足够人们欣赏。

月球质量是地球的 1/81.3，半径是地球半径的 1/3.8。据此，人们知道月球表面引力很小，月面重力是地面重力的 1/6，登月的宇航员对这一点感受很深，他们觉得整个人像要飞起来似的，轻飘飘的。在月球上你可以轻而易举地飞檐走壁，也可以扮一回力举千钧的大力士。你在地球上能举起 50 千克的重物，到月球上便能举起地球上 300 千克的重物。一切的举止动作像电影中的"慢动作"似的轻灵飘忽。因为重力小，所以月球无法保持大气，月球上比真空还要真空。无大气的月球能呈现出地球所没有的景观。

月球的昼夜是突然来临的。月球面对太阳的一面光明而酷热，比地球上看到的太阳明亮千百倍，温度可达 127℃，石头热得烫手。背对太阳的一面却十分黑暗和寒冷，温度可一直下降到 -183℃，昼夜温差竟达三百多摄氏度。在月球上看太阳东升西落需很长时间。月球的白昼长达两个星期，月亮上的 1 天等于地球上的 29 天半，需要耐心等待。

月球没有空气，声音无法传播，任何人到了月球都会变得又聋又哑，宇航员在月球上也要靠无线电才能通话。

月球上没有水，更没有风、云、雨、雪、电等风起云涌、电闪雷鸣的天气变化。

月球难解之谜

　　美丽的月亮曾经让人无限向往，而当宇航员登上月球时，看到的却只是一片荒漠，没有一点儿生命的痕迹。但是，就在这里曾经发生了种种神秘莫测的奇异现象。

▶ 月球上的奇异现象

　　1958年，美国《天空与望远镜》月刊报道说，月球上发现有半球形的、闪耀着日光的"月球圆盖形物体"，这些物体的数目在不断变化，有的消失了，有的又重新出现，有的还会移动位置，它们的平均直径为250米。

　　"月球2号"拍摄到月面上的静海区有一些方尖石，这些方尖石底座宽约15米、高12米—22米，最高的达40米。有人对这些方尖石的分布作了详细研究，计算出方尖石的角度，指出石头的布局是一个三角形，很像埃及开罗附近吉萨金字塔的分布。方尖石上的几何图形线条，不像是自然侵蚀形成的。

▶ 意外的发现

　　1969年，人类登上月球后并没有在月球上发现生命迹象。科学界却因此引发出奇妙的联想。前苏联天体物理学家米哈依尔·瓦西里和亚历山大·谢尔巴科夫分析研究了从月亮带回的月岩标本说："月亮可能是外星人的产物，15亿年来，它一直是他们的基地。月亮是空心的，在它荒漠的表面下存在着一个极为先进的文明。"

　　"阿波罗11号"宇航员阿姆斯特朗在回答休斯敦指挥中心的问题时吃惊地说："……这些东西大得惊人！天哪！简直难以置信。我要告诉你们，那里有其他的宇宙飞船，它们排列在火山口的另一侧，它们在月球上，它们在注视着我们……"美国无线电爱好者听到这里，广播突然中断。美国国家航空和航天局没有对阿姆斯特朗所看到的现象作任何解释。

另一位宇航员奥尔德林在月球上空拍摄了 28 张连续照片，人们可以清楚地看到一个神秘的飞行物的飞行情况。两个连在一起像个"雪人"形状的奇怪飞行物突然出现在月面的左侧。两秒钟后，这个飞行物慢慢地旋转起来，尾巴上出现了喷射现象——它好像在排气。喷射停止后，在空中留下了长长的、流动的尾迹。神秘的飞行物体接着往下降落，像要冲击月面似的；然而它又突然向反方向转弯，再次上升。随后，它再次飞临月面，同时发出强烈的亮光，然后开始分离，变成两个发光物体，一大一小。不久，它们斜着升空，之后很快便消失了。

在这以前，宇航员也有类似的发现。1965 年 12 月 4 日，"双子星 7 号"宇航员洛威尔曾看到一个伸出根"水管"的不明飞行物。1966 年 9 月 13 日，"双子星 11 号"宇航员戈尔登在环绕地球飞行拍摄的照片中发现有一个金属状不明飞行物。

宇航员斯科特和艾尔文乘坐"阿波罗 15 号"再度踏上月亮土地的时候，在地球上的沃尔登十分惊讶地听到（录音机同时录到）一个很长的哨声，随着音调的变化，传出了 20 个字组成的一句重复多次的话，这发自月球的陌生"语言"切断了宇航员同休斯敦的一切通讯联系。

法国科学家写的《月球及其对科学的挑战》一书中的 48 幅从未公开的月面照片，向人们展示了月面上一些地形的变化。他表示：这些照片原是彩色的，那种生动的图像令人吃惊，它们表明，月球上可能存在智能生物。

美国国家航空和航天局曾对"阿波罗"号拍摄的 28 张照片进行了几年的秘密研究，发现这个不明飞行物的喷射是瞬间开始，瞬间停止的，非常像以真空为背景的液体喷射。因此，有人提出这也许是一种信号。

照片发表以后，有些人大胆发出畅想：种种迹象表明，月球可能已经被来自其他空间的智能生物开发利用了。

月球背后的"故事"

月球在地球引力的作用下，其旋转运动的规律是自转和公转周期相一致。因此，月球永远只以半个球面对着地球。

▉ 月球的背面景观

月球的公转轨道面和地球的公转轨道面有个交角，这就使月球自转轴的南北两端，每月轮流地朝向地球，在地球上，有时能看到月球的南极和北极以外的部分。实际上，人们在地球上看到的月球表面不只是半个球面，而是月球表面的59%。

还有其余的41%的月面（月球的背面）呢？由于它始终背对着地球，千百年来，人们一直无法看见，只能不断地进行猜测。

有人猜想月球背面重力可能要比正面大一些，也许有空气和水存在。有人预言说，可以断定那里有一片环形山，既广阔又明亮。也有人说，地球北半球大陆多，南半球海洋多，月球上可能也是这样：月球正面的中央部分是高地，月球背面的中央部分则相当于地球上的"大海"——呈暗色的平原。

1959年1月2日，苏联发射的"月球1号"，于1月4日飞抵距月亮6000千米的上空，拍摄到了一些照片。

1959 年 10 月 4 日，苏联又发射了"月球 3 号"自动行星际站。它于 10 月 6 日开始进入绕月球的轨道飞行，7 日 6 时 30 分，它已转到月球背面大约七千米的高空。当时地球上看到的是"新月"。月球背面正是受太阳照射的白天，是拍摄的大好时机。当行星际站运行于月球和太阳之间的时候，在 40 分钟内拍摄到了许多不同比例的月球背面图，然后进行显影、定影等的自动处理，最后通过电视传真把资料发回地球。这是有史以来拍摄到的第一批月球背面的照片。从此，这个千年奥秘终于被揭开了。

▶ 真相显露

月球的背面也是像正面一样的半球，绝大部分是山区，中央部分没有"海"，其他地方虽然有一些海，但是都比较小，背面的颜色稍稍红些。现在，科学家已经绘制成一幅较详细的背面图，并且给那些背面的"山"和"海"，按国际规定来命名。

环形山以已故著名科学家名字命名的有：齐奥尔科夫斯基、布鲁诺、居里夫人、爱迪生等。"海"有理想海和莫斯科海等。有五座环形山用中国古代的石申、张衡、祖冲之、郭守敬和万户五位科学家的名字命名。其中规模最大的是万户环形山，面积约六百平方千米，它位于南半球，夹在赫茨普龙与帕那（都是英国物理学家）两座环形山之间。

▶ 神秘的环形山是怎样形成的呢?

科学家认为，它们是由月球内部熔岩向月面鼓涌形成的。

现代科学仪器观测的结果和对宇航员带回的月球岩石所作的分析，使科学家得出这样的假设：火山活动和陨星撞击这两种自然力量在月貌的形成中都产生了作用。许多圆丘和较小的环形山是在火山活动中形成的，而那些大环形山则是陨星撞击月球时造成的。